GARDEN
花园 MOOK

Vol.11

多彩球根号

[日] FG武蔵 / 编著　张翔娜 / 译

U0232549

长江出版传媒

湖北科学技术出版社

图书在版编目（CIP）数据

花园 MOOK. 多彩球根号 / 日本 FG 武藏编著；张翔娜
译 . 一武汉：湖北科学技术出版社，2023.7
　ISBN 978-7-5706-2066-1

　Ⅰ . ①花… 　Ⅱ . ①日… 　②张… 　Ⅲ . ①观赏园艺—
日本一丛刊　Ⅳ . ① S68-55

　中国版本图书馆 CIP 数据核字（2022）第 103518 号

HUAYUAN MOOK DUOCAI QIUGEN HAO

执行主编：药草花园
责任编辑：周　婧
责任校对：陈横宇　张　婕
封面设计：曾雅明
出版发行：湖北科学技术出版社
地　　址：武汉市雄楚大街 268 号
　　　　　（湖北出版文化城 B 座 13—14 层）
电　　话：027-87679468
邮　　编：430070
印　　刷：湖北新华印务有限公司
邮　　编：430035
开　　本：889×1194　　1/16　　7.25 印张
字　　数：100 千字
版　　次：2023 年 7 月第 1 版
　　　　　2023 年 7 月第 1 次印刷
定　　价：48.00 元

卷首语

今年酷热的夏天，终于让"气候异常"这个词摆到了我们面前。不断升级的高温、日益干涸的江河，以及空调机里喷涌而出的热气，让每个人的内心都充满焦虑与烦躁。

俯首看看阳台上的花园，月季垂头耷脑，铁线莲状如枯草，如果不是看在春天曾经繁花似锦的份儿上，真的很难鼓起勇气顶着烈日去为它们浇水打药。

眼前忽然出现了一抹小小的绿点。咦，这是什么？

在上周因为缺水而枯死的薄荷花盆里，欣欣然冒出了一点新芽。原来是空调户外机滴出的水流到这个已经被我放弃的花盆里，把盆土变得湿漉漉的，而就在这点水的滋养下，薄荷竟然"起死回生"了。

捧着手心里这一点薄荷绿，我打开了《花园 MOOK·多彩球根号》的样稿。

本期的《花园 MOOK》开篇是去年曾经红遍全网的皱边三色堇，名叫'吸血鬼德古拉'的极度卷边品种，配以铁皮花盆和毛绒绒的宽叶银叶菊，让人仿佛旅行到白雪皑皑的阿尔卑斯山。

花园特辑里，日本各地的花园主人，分享了有品位的色彩搭配案例，以及如何打造色彩迷人的花园。

老朋友黑田健太郎老师拿出他得意的色环配色方案，教习我们在秋日花园里的实用配色技巧。

球根花卉是花园秋冬季的明星，蓝与白的风信子、红与绿的郁金香，这些可爱的球根，用什么盆、怎么种才会又时尚又别致？《球根花卉的时尚搭配》会给出答案。

绿意葱茏的"绿蔷薇花园"、人气园丁精选的园艺工具、中性风的清爽混栽、不可或缺的空木植物……

花园的话题让人忘记周遭的炎热与喧闹，无论尺寸大小，无论花多花少，花园都是一个充满奇迹的地方，也是一个治愈内心的地方。

在纷纭喧嚣的时日里，让我们带着《花园 MOOK》，一起走入令人忘忧的花园。

《花园 MOOK》执行主编
药草花园

花园MOOK·多彩球根号
CONTENTS
Vol.11

目录

7　我的首选

8　引人注目的月季合集

14　色彩迷人的花园
学习有品位的色彩搭配技巧

17　以叶色为底色,花色相映成趣的舞台

21　深灰色背景下繁花璀璨的优雅花园

24　彩叶和宿根草成为黄色花园小屋的点缀色

28　以粉色为基调的前庭花园

30　瑰丽的花草演绎年年不重样的庭院风采

34　注重花园的骨架,浓淡不一的绿色熠熠生辉

36　花园构造物和月季的浪漫融合

40　在人气花园里寻找园艺搭配的灵感

44　学习黑田健太郎的
花色搭配技巧

48　黑田健太郎推荐的花园流行植物

52　球根花卉的时尚搭配

59　可爱的球根花卉
　　在"绿蔷薇花园"盛开

66　**加地先生的栽种技巧**
　　完全分析

71　营造出美景的植物列表

72　**少一点甜美，多一点酷**
　　中性风的清爽混栽

73　户外的组盆种植

74　观叶植物的组盆种植

77　多肉植物的组盆种植

78　丹羽薰女士推荐的15种用于混
　　栽的多肉植物

80　季节植物介绍
　　现在正是种植空木植物的季节

86　前往树木交织的乐园！
　　激动人心的花园之旅

92　**探访风格独特的花园**

97　**探访极具风格的庭院**

101　人气园丁精选的园艺工具

114　**我的花园故事**

我的
首选

本期为注重花园色彩的朋友推荐一种从秋季持续开花到翌年春季的三色堇。

黑色的诱惑 迷人的三色堇

＊三色堇 '吸血鬼德古拉'
堇菜科/耐寒性一年生草本植物/花期11月至翌年4月/株高10～15cm

推荐人

绿色画廊花园
堀田裕大

店内不仅有宿根花卉、树木等，还有古色古香的摆件，商品种类繁多。该店还提供场景定制服务，店内设有小商店和咖啡厅。

三色堇 '吸血鬼德古拉' 暗黑的色彩营造出一种悬疑的气氛。因像电影中披着黑色斗篷的吸血鬼德古拉而得名。不仅具备三色堇的可爱形象，连花色和名字都令人过目不忘。

植株横向生长，开花时花头略微下垂，花形呈绣球状，花瓣颜色各异，边缘皱褶如波浪卷曲，这些都使花朵呈现出丰富的色彩，妙趣横生。养护方法与普通的三色堇相同。天气越冷，花色越鲜艳，花也开得越旺盛，放在屋檐下经历霜冻会更显色。

建议选一个精致或古朴的花盆以突出花朵独特的魅力。可以在铁皮花盆中栽种一些色彩柔和的彩叶植物进行搭配，或者在古朴的花盆中独栽一株。

引人注目的月季合集

下面介绍月季达人推荐的 30 个月季品种。

参数: 开花特性 / 花的尺寸类型（直径）/ 花形 / 株型 / 植株尺寸 [株高（H）× 冠幅（W）] / 香型

月季之家

Baranoie

'Laylah'
'莱拉'
（木村卓功 2016年）

四季开花 / 中等花型（8cm）/ 波浪状或弧形花瓣 / 直立灌木 /H1.4m×W1m/ 浓香

木村先生说这是他最想展示的理想月季花形。"莱拉"在阿拉伯语中是"夜晚"的意思，是根据《一千零一夜》中山鲁亚尔王与王妃山鲁佐德的形象命名的。紫红色花瓣像黑夜，充满激情。有着异国情调的带尖花瓣层层叠叠，相当迷人。因为秋季花开较晚，建议在 8 月末进行一次修剪。抗病性强，生长旺盛，适合新手栽种。不耐高温潮湿，暑热会导致叶片脱落，但不影响生长。荔枝味的果香十分迷人。

'Orfeo'

'奥菲欧'（木村卓功 2016年）

四季开花 / 中等花型（7cm）/ 杯状花或莲座状花 / 直立灌木 /H1m×W0.9m/ 浓香

奥菲欧是希腊神话中的竖琴高手。'奥菲欧'非常强健，长势快，香气迷人。拥有独一无二的花色，花瓣内侧呈紫红色，外侧呈白色。木村先生希望复色月季能重新拥有人气，所以特别看重这个品种。春季、秋季会开出杯状或莲座状花，夏季会开出圆瓣花。紧凑的花束状株型，可以盆栽或在狭小的地方种植。生长稍慢但抗病性强。

推荐人 "月季之家" 老板
木村卓功

木村卓功经营着拥有2500多种月季幼苗的"月季之家"，并亲自进行月季的育种和生产。自创品牌"Rose Orientis"的月季品种因外形靓丽、容易培育而深受月季爱好者的喜爱。木村先生还经常举办讲座并为园艺杂志撰写文章。

'Euridice'

'欧律狄刻'
（木村卓功 2016年）

四季开花 / 中等花型（8cm）/ 波浪状花瓣 / 直立灌木 /H1.2m×W0.9m/ 浓香

甜美可爱的粉红色花朵，波浪状的尖瓣可爱却不幼稚。散发出混入茶香的大马士革香，花香甜美。在株型、易培育性和抗病性等方面几乎和月季'天方夜谭'一样，每 2 周喷一次药就能使叶片保持健康美丽。用作切花香气浓郁，持花性好，建议花开三四成再放到室内。

月季流行趋势

无压力栽培、花开不断、拥有治愈香味的月季

20世纪，剑瓣高芯月季盛极一时，那是一个"只有剑瓣高芯月季才是真正的月季"的时代。进入21世纪，杯状和莲座状等经典的月季花形开始流行。2010年前后，具有稀有花形和稀有花色的日本月季开始流行。而现在，月季的花形、花色和香味种类繁多，百花争艳，已经无法说什么月季是流行的了。但是，引领潮流的月季都有一个共同点，那就是拥有紧凑的株型和夏季也能开花的四季开花性。此外，抗病性强、容易培育且香气怡人的月季也有很多人喜欢。

'Bathsheba'
'芭思希芭'
（大卫·奥斯汀 2016年）

四季开花 / 中等花型（6~8cm）/ 重瓣 / 藤本 /H3m/ 浓香

'芭思希芭'是美丽的藤本品种。典型的英国月季花形，混合了杏粉色和淡黄色的花朵与略带红色的树枝相映成趣。除了在低矮处地栽，还可以种在花盆中，牵引花枝缠绕成一个精致可爱的花环。花初开时是蜂蜜和没药的香味，慢慢变成茶香。生长旺盛，叶形也很美。

'Roald Dahl'
'罗尔德·达尔'
（大卫·奥斯汀 2016年）

连续开花 / 中等花型（6~8cm）/ 重瓣 / 灌木 /H1.2m×W0.9m/ 中香

为纪念世界著名童话作家罗尔德·达尔诞辰100周年而命名。杏子般的淡橙色是月季中的潮流颜色。花开不断，散发出令人愉悦的茶香。刺少，植株不会长得很大，可以栽种在花园的任何地方。虽然花姿纤细，但在恶劣的气候条件下也能茁壮成长。

推荐人 "大卫·奥斯汀月季园"技术专家
平冈诚

"大卫·奥斯汀月季园"设计师，拥有多年的英国月季种植经验。举办的关于英国月季的有效利用和栽培方法的讲座很受欢迎。

月季流行趋势
即使在有限的空间内，也需要种植个性突出的品种

成熟的日本花园月季市场，近年来追求品种的多样性和独特的花形。对于经常使用花盆栽种植物的日本人来说，紧凑型月季是一个永恒的主题，也是一种长期的趋势。藤本月季依然很受欢迎，稍大一点的花盆可以做成半藤本状栽种。英国月季即使攀缘面积小也能开出足够的花，品种丰富，在用途方面也得到肯定。像'伊莫金'这样的新品种，既有英国月季所没有的多样、新颖的花形，还能在有限的空间内进行个性化装饰。

'Imogen'
'伊莫金'（大卫·奥斯汀 2016年）

连续开花 / 中等花型（6~8cm）/ 重瓣 / 灌木 /H1.2m×W0.9m/ 中香

开柔和的柠檬黄色花朵，健康自然是它的优点，如鲜嫩苹果般令人心旷神怡的香气也是其魅力之一。冠幅较小、稍微直立的株型非常适合用于点缀花坛的角落和用花盆栽种。盛开时，无数精致的褶边花瓣环绕着像纽扣眼一样的花心，个性鲜明。

'Sucre'
'砂糖'
（河本纯子 2016 年）

四季开花 / 中等花型（6~7cm）/ 喷水形或房状花瓣 / 直立灌木 /H0.7~1m×W0.8m/ 浓香

圆滚滚的杯形花朵，散发着甜美的水果香。因其甜美的香气和可爱的奶油粉混合色，用法语中的"砂糖"命名。株型紧凑，也适合盆栽。

推荐人 "河本月季园"代表、月季育种专家
河本纯子

日本少见的女性月季育种家之一。40多年前开始育种，柔美的原创月季品种吸引了众多粉丝。代表品种有'蓝色天堂''报喜天使''迷雾紫色''拉玛丽'等。

'Sphiret'
'莎菲天使'
（河本纯子 2016年）

四季开花 / 中等花型（6~8cm）/ 半剑瓣 / 直立灌木 /H0.8~1.2m×W0.8m/ 微香

复古的淡粉色花，蓬松的花形让人看了心情舒畅。最适合盆栽和在阳台栽种。

月季流行趋势
近似色混合的花色和温和的香气很受欢迎

近年流行的月季花色不是单色，而是各种近似色混合的花色。杯状或半剑瓣状花，花开时花瓣呈波浪状，很受欢迎。香味不会很浓，大多香气甜润怡人。

'Andre Turcat'

'安德烈·杜加德'
（多米尼克·马萨德 2002年）

四季开花 / 大花型（10cm）/ 杯状或莲座
状花 / 半藤本（直立）/ H1.5m×W0.6m /
浓香

这个品种有着花瓣密集的大花，看起来就像花束一样丰满，初开时整齐的杯状花会慢慢变成莲座状。刚开花时花瓣是深黄色的，随后慢慢变成粉色、橙色。有浓烈的茴芹香。

'马萨德医生'
（多米尼克·马萨德 2007年）

四季开花 / 大花型（12cm）/ 莲座状花 / 半藤本（直立）/ H1.5m×W0.8m / 浓香

鲜艳的红宝石色花瓣，背面是白色或金色，双面色给人一种华丽的感觉。散发出覆盆子般浓烈的水果香。这个品种的月季是因为献给培育者多米尼克·马萨德的父亲和他家族中当医生的亲属而得名。

'Docteurs Massad'

'Griselis'

'格力斯里'
（多米尼克·马萨德 1993年）

连续开花 / 中等花型（9cm）/ 莲座状花 / 半藤本（直立）/ H1.2m×W0.6m / 中香

这个品种的花瓣略带灰色，独一无二的高雅花色魅力四射，还散发出与高雅花色相配的令人愉悦的茴芹香。有光泽的浅绿色叶片具有很好的抗病性，即使是新手也很容易种植。喜欢半阴的环境。

月季流行趋势

个性鲜明的颜色、清爽的香气和波浪形褶边的花形是首选

在"大森植物"购买月季的顾客倾向于选择相对鲜艳的花色而非浅色花色。带有清新的果香、有波浪褶边的花形等引人注目的品种很受欢迎。

推荐人 "大森植物"代表理事
佐佐木清志郎

佐佐木清志郎是"大森植物"的代表理事。该店经营着以宿根草和月季为主的6000多个植物品种。在月季方面，他们经营着法国吉洛公司、英国华纳公司等育种公司的品种。在日本栃木县那须町开设了包含月季园的"科皮斯花园"。

'Saint-Honoré'

'圣宝莱'
（戴尔巴德公司 2007年）

四季开花 / 中等花型（6~8cm）/ 莲座状花 / 直立灌木 / H0.7m×W0.6m / 浓香

深红色的花蕾绽放，开出高雅的紫丁香粉色的中等杯状花。略带褶边的花瓣，显得温柔华贵。与花形绝配的高级茴芹香也增添了不少魅力。株型紧凑适合盆栽，四季开花性强，从春季到秋季反复盛开。

月季流行趋势

"一株成画"、四季开花、高抗病的月季很受欢迎

"一株成画"的月季品种拥有难以形容的浪漫花形，深受顾客的喜爱。除了具有四季开花性的品种，还有诸多抗病性强、减农药栽培的品种，这些都很受欢迎。

'南瓜灯笼'
（多里厄公司 2016年）

四季开花 / 中等花型（8cm）/ 杯状花 / 半藤本 / H1.5m×W1m / 中香

花瓣的外部是黄色，内部为带粉红色的橙色。波浪形的花瓣有着独特的尖状头部，在花坛中格外抢眼。小型半藤本植物适合种在小型方尖碑爬架或低矮的围栏旁，也可以修剪成中等大小的灌木。

'Lanterne Citrouille'

推荐人 花心园艺
竹川秀夫

竹川秀夫先生经常在园艺商店和花园中心举办讲习班，向月季新手介绍戴尔巴德公司和多里厄公司的月季，讲解的内容从香气、花色等品种特性到养护方法的基础知识等，还传授专业的独门养护技巧。

'Edouard Manet'

'爱德华·马奈'（戴尔巴德公司 2016年）

四季开花 / 中等花型（8cm）/ 杯状花 / 半藤本 / H1.8m×W1.2m / 浓香

花瓣淡黄色且带亮粉色光圈的华丽月季。杯状花，花瓣外缘呈锯齿状，散发着甜美的水果香。少刺，柔韧的枝条生长性良好，四季开花性好，适合做成拱门、围栏等。抗病性强，容易培育。

'樱桃伯尼卡'
（法国玫兰公司 2013年）

四季开花 / 中等花型（7cm）/ 杯状花 / 直立灌木 /H0.7m×W0.4m / 微香

滚圆的花朵接连不断地绽放。种在阳光明媚的地方不费吹灰之力就能开花。株型紧凑，非常适合阳台盆栽（盆栽高度0.3～0.4m）。花不易凋谢，容易打扫，适合做切花。耐白粉病、黑星病。ADR 月季 *。

*ADR 月季指在寒冷的德国不使用杀菌剂就能持续满开的月季。村上先生将ADR 解释为"到秋季为止任何人都能轻松种植的月季"。

'Cherry Bonica'

'Amie Romanica'

推荐人"京成月季园"园长
村上敏

日本京成月季园园长，负责月季的培育及海外宣传业务。他致力于推广月季栽培，将多年从事月季培育工作的宝贵心得与经验，用易于理解的方式向爱好者介绍宣传，经常在日本 NHK 电视节目《趣味园艺》及日本各地的研讨会上授课。

月季流行趋势

鲜亮颜色的月季走俏，香气四溢的品种也深受喜爱

中规中矩的经典月季，具有杯状花和飘逸的现代新风格的月季都很受欢迎。鲜亮颜色的月季是最近的流行趋势，比如橙色的月季就很走俏。有香味的月季绝对不会差，即使外形低调也很好卖。女性多喜欢甜美的香气，男性则多喜欢茶系的清爽香气。

'绝代佳人'
（德国科德斯月季育种公司 2014年）

四季开花 / 中等花型（7～8cm）/ 半重瓣花 / 直立灌木 /H0.7m×W0.4m/ 微香

花朵开放的姿态很可爱，很容易种植。渐变的粉红色花，从花蕾到绽放会有颜色变化。株型紧凑，不会乱长，易于打理，种在花盆中也很可爱。对白粉病、黑星病的抗病性强。

'Gretel'

'浪漫艾米'
（法国玫兰公司 2013年）

四季开花 / 中等花型（7～8cm）/ 浅杯状花 / 半藤本 / H2m×W2.5m/ 微香

无论是花形还是色彩都令人心醉神迷。不容易凋谢，可长时间欣赏到花朵盛开的样子。即使牵引花枝直立生长也能开出很多花，没有经验的初学者也能轻易养护。抗病性强也是其优点之一。

'Le Port Romantique'

'羽毛'
（河合伸志 2015年）

连续开花 / 小花型（3.5cm）/ 杯状花 / 藤本 / H3m/ 微香

'珠玉'的枝变品种。当温度较低时，花色会稍微变深。开花时，几朵组成一簇，持花性非常好。理想的藤本月季株型，纤细柔软的枝条，少刺，易于养护，因此适合与拱门、方尖碑爬架和围栏等搭配。长势强劲，能忍受恶劣的条件。

'Tamakazura'

横滨英式花园
Kawai Takashi

'横滨消息'（河合伸志 2016年）

四季开花 / 中等花型（8cm）/ 莲座状花 / 藤本 /H3m/ 浓香

花心呈淡粉色，散发着茶香，成簇开花。开花性、持花性良好，春季到秋季花开不断。枝条纤细灵活易牵引，可长成优雅的弧线，往高处牵引尤其美丽。与任何植物都很搭，即使是初学者也不会失手。

'Message De Yokohama'

'浪漫港'
（河合伸志 2016年）

连续开花 / 大花型（10cm）/ 杯状花 / 藤本 /H3m/ 微香

华丽的杯状大花成簇盛开，满开时非常壮观。基本特性与'龙沙宝石'相似，建议一起种植。可以牵引花枝攀爬到大围栏上，因为它们的花头喜欢低垂，所以要将其牵引到高处。

推荐人
育种师、种植规划师，"横滨英式花园"主管

河合伸志

河合伸志自幼就喜欢植物。在担任"横滨英式花园"的主管期间，负责园内设计指导和月季新品种的育种工作。

月季流行趋势

持花性良好、开花性优良的高规格藤本月季

这些新品种都具有良好的持花性，从前一年的枝节上开花，可以说是高规格的多花品种藤本月季。'羽毛'和'横滨消息'的特点是枝条纤细柔软，对于初学者来说也很容易种植。'横滨消息'和'浪漫港'是为纪念2017年春季在日本举办的"日本城市绿化博览会"而命名的。

'蜻蜓'
（今井清 2016年）

四季开花 / 中等花型（7～8cm）/ 包菜状花 / 直立灌木 /H1m×W1m/ 浓香

具有从丁香紫色到白色的成熟花色。约60片细波纹花瓣如包菜般轻轻环抱在一起，绽放出神秘而高贵的花朵。花茎纤细，有时会成簇绽放，与蓝绿色叶片形成鲜明的对比。具有甜美成熟的葡萄香。

'Libellula'

'时尚'
（今井清 2016年）

连续开花 / 大花型（8～10cm）/ 杯状花至莲座状花 / 直立灌木 /H1.2m×W1.2m/ 浓香

开有散发着浓郁的大马士革香的绯红色花朵，从杯状渐渐变成莲座状，给人一种早期的现代月季的怀旧感。深绿色的叶片衬托着红色的花，更显娇艳。植株稍低矮，株型紧凑，开花性好，花开不断直到秋季。

'Haikara'

'Kasho'

'华宵'
（今井清 2016年）

四季开花 / 大花型（10～12cm）/ 杯状花 / 直立灌木 /H1.2m×W1m/ 浓香

在具有经典月季特征的枝叶上开出淡粉色的大花，新奇中带着复古的气息。花瓣有七八十片，开始绽放时相当迷人，饱满的花朵散发出优雅的肥皂香。植株高度较低，生长紧凑，适合盆栽。在园林路旁种植更容易发挥其特性。

月季流行趋势

最受欢迎的是具有柔和花色和四季开花的月季，容易培育也至关重要

大部分人最喜欢购买的是浅粉色、丁香紫色和杏粉色的四季开花的月季，而且倾向于选择健壮且容易培育的品种。经常光顾的客人，都会迷上店内的月季香气。装饰新房的客人经常想要藤本月季，他们也会购买具有相似特性的品种。

推荐人 月季调酒师
小山内健

在 "京阪园艺" 工作。日本放送协会 "爱好园艺" 的讲师，是电视和各种园艺杂志上可以见到的月季专家，经常在日本各地举办月季研讨会和讲座。

推荐人 "京都·洛西松尾园艺" 代表
松尾正晃

在他的园艺店内，每个季节都会举办针对不同品种、不同时期的月季的养护培训班，简单易懂地讲解如何种植高难度品种，深受好评。几年前开始参与英国 "哈克尼斯月季" 的选种、试种，在高温潮湿的日本京都不断尝试培育新品种。

月季流行趋势

人们青睐能耐酷暑等恶劣天气和具有个性鲜明的花形的月季品种

由于酷热和暴雨等天气灾害频发，越来越多的客人会咨询如何在恶劣环境下种植月季。无农药栽培、抗病性强也是品种选择的决定性因素。越来越多的人选择以前没有尝试的波浪形花、单瓣花、覆轮花。在花色中，橙色深受大众的喜爱。

'简单生活'
（英国哈克尼斯公司 2013年）

连续开花 / 大花型（8～12cm）/ 单瓣花 / 藤本 /H2m×W1.5m/ 微香

单瓣花的花瓣边缘带着自然随性的锯齿。花的颜色随着季节的变化在白色、杏色与柔和的粉红色之间变换。横枝长得很快，可以将枝条牵引到尖碑爬架或低矮的围栏上。浓密带光泽的叶片具有出色的耐热性和抗病性，简单养护即可。

'Simple Life'

'Gentile'

'Chandos Beauty'

'钱多斯美人'
（英国哈克尼斯公司 2005年）

四季开花 / 大花型（12cm）/ 剑瓣高芯花 / 直立灌木 /H1.2m×W0.9m/ 浓香

琥珀奶油色和柔和的粉红色混合的豪华大花充满威严的气质，是哈克尼斯公司的明星品种。浓烈香甜的茶香也很诱人。抗病性、耐热性好，很适合新手，地栽和盆栽均可。持花性好，也很适合做切花。

'优雅'（河本纯子 2014年）

四季开花 / 中等花型（7～8cm）/ 杯状花 / 小型灌木 /H0.8m×W0.5m/ 中香

松尾园艺原创的 "月季魔法师" 系列，粉红色的杯状花朵成簇盛开。拥有紫罗兰和月季的轻盈香气，绽放时变成淡淡的抹茶香。紧凑的树形，适合盆栽和在阳台栽种。

'Bella Donna'

'贝拉夫人'

四季开花 / 大花型（12cm）/ 半剑瓣高芯花或莲座状花 / 直立灌木 / H1.2m×W1.2m/浓香

蓝色系月季生性较弱，但这个品种花形紧凑，抗病性强，易于培育。大花下垂绽放的姿态与其他花草容易搭配。

'Pat Austin'

'帕特·奥斯汀'

四季开花 / 中等花型（8cm）/ 杯状花 / 半藤本 / H1.2m×W1m/中香

有着略带铜色的艳丽的橙色花朵。茎带棕色，花色很亮，一株就足够好看。株形整齐，可以盆栽。可将枝条牵引至方尖碑爬架或立柱上。

'Franboise Chocolat'

'覆盆子浓情巧克力'

四季开花 / 大花型（11cm）/ 圆瓣高芯花 / 直立灌木 /H1.3m×W1m/ 微香

拥有经典的深红色花，外瓣带棕色，色调高雅，最适合作点缀色。虽然是杂交茶香月季，但是花径约11cm，不算很大，很容易和其他植物搭配。花瓣很厚，所以耐风雨吹打，微微散出水果香。

'English Heritage'

'英国遗产'

四季开花或连续开花 / 大花型（10cm）/ 杯状花 / 半藤本 / H1.5m×W1.2m/浓香

花瓣重叠，花心呈淡粉色，外围花瓣变淡，近乎白色，姿态优雅，是形状良好的杯状花。虽然已经有30年以上的栽培历史，但依然拥有超高人气。半横张性，在花坛中也能长出良好的株形。可以将枝条牵引并做成家用拱门，非常漂亮。散发着水果香或没药香。

月季流行趋势

花瓣数少但花形好、开花周期短的品种受欢迎

如今市面上销售的月季品种越来越多。对于新手来说，可能是因为对"切花月季"的印象深刻，所以剑瓣高芯的杂交茶香月季和藤本月季比较受欢迎。而对于具有一定种植经验的人来说，目前半藤本四季开花的月季品种比较受欢迎。除了花瓣数量较多的杯状花，花瓣数量较少、花形较好、开花周期短的品种比以前更畅销。

推荐人 "小松园艺" 经理
櫻井哲哉
主要负责月季的生产管理和销售工作。

色彩迷人的花园

学习有品位的色彩搭配技巧

即使种植相同的品种，色彩的选择不同，花园的整体观感也会截然不同。本期将以"色彩"为主题，告诉大家如何去营造一个令人心醉神迷的花园。除了介绍由花色、叶色的组合搭配营造出的高品位花园，本章还将为你带来人气园艺店员工传授的园艺色彩搭配技巧。

1 粉色青葙的穗状花直立绽放，营造出柔和的气氛。**2** 鲜亮的黄色长瓣金莲花。阳光的强弱改变着色彩的浓淡。**3** 耐寒、7月盛开的月季'大游行'。

铺满木屑的小路上开满了有黄色小花的过路黄。不开花的时候，小路被淡绿色的叶片覆盖，即使走在上面也不会伤害到它们。

观景平台前的石板小路周围是秀丽的白色花园，紫色的羽扇豆和风铃草成为点缀。

园艺店前的花园用醒目的色彩吸引顾客的眼球。花叶虎杖和白色的花叶杞柳起到调和色彩的作用。

以叶色为底色，花色相映成趣的舞台

日本北海道 **松本真弓**

将色彩搭配之妙展现得淋漓尽致的自然花园

经营着杂货咖啡店"花七曜"（北海道上富良野町）的松本先生，20年前搬家后便开始在空地上建起了花园。划定种植区域，改良土壤，在铺砖的同时还修建了石板小路，花园得以逐渐成形。随后还亲自设计并和家人一起装扮了花架、花园小屋和露台，花园景观不断增加。

因花园占地面积较大，所以分东、南、西、北四个不同区域。前花园分成白色花园和彩色花园，分别种上不同的植物。色彩搭配的秘诀是选用斑叶、银色叶和铜色叶等作底。有了这些叶片的底色，不管什么颜色的花置于其中都会很出彩。各色植物接力盛开，全年花园美景不断。根据季节决定主题色，重点是保持花色间色调的协调。当颜色过多而出现不协调的情况时，最好拔掉多余的植物或将其移栽至别处，始终保持色彩的平衡。配色巧妙的自然花园，是对日常精心养护的馈赠。

关键

红色与紫色的对比鲜明夺目

最先映入眼帘的是种着红色羽扇豆、深粉色松虫草和蓝紫色风铃草的花坛。通过增强色彩饱和度，使花坛成为吸引眼球的一角。

随处可见的点缀色，营造一种成熟感

3 大飞燕草直立灵动的蓝色穗状花起到点缀的作用。在大飞燕草下面搭配白色的锦葵，使蓝色与白色的对比更加强烈。**4** 青葙蓬松柔软的穗状花序绽放出粉红色的花朵。甜蜜的粉色可以缓和艳丽的色彩。

关键

过路黄像黄色的地毯，令人震撼

1 2 地被植物过路黄适应当地的土壤环境，不断繁殖。7月是其花期，与同期盛开的粉红色月季'芭蕾舞女'、千屈菜相映成趣。后方的黄栌给人一种深邃感。

关键

将花园小屋屋顶漆成青蓝色

1 全家人动手制作的花园小屋被粉刷成青蓝色，很抢眼。**2** 绣线菊刚发芽的时候，叶片是祖母绿色的，随后慢慢变成黄色，愈加迷人。这个时期还会开粉红色的花，增添一丝华丽的色彩。

在同色系或反色系中
加入对比色，
让花园的色彩富于变化

3 在白色花园里种上花叶虎杖和蔷薇，添上黑色花朵的石竹作点缀，色彩有强有弱。

4 在白色花园里制作三四个应季的吊篮。可以全部用粉色系花朵，比如矮牵牛、遍地香、突厥蔷薇和野草莓。

黄栌和月季的竞演

后院花园的小屋周围，盛开的粉红色月季'芭蕾舞女'和黄栌的红铜色叶片相映成趣，和谐统一。

5 小屋是放置花园杂物和工具的地方。在冰天雪地的寒冬淡季，花园里所有的杂物都会被收纳起来。**6** 小屋前铺上枕木，做成一个小露台。用白花与彩叶装饰，看上去很清爽，其中红花矾根的花朵闪烁着红宝石般的光芒。

深色的铁线莲在纤细的叶片间成为焦点

7 铺满木屑的小路两旁白晶菊花开得正旺，金线桔梗兰也很抢眼。**8** 攀爬在拱门上的铁线莲'戴安娜王妃'开着饱满的百合花形的深粉色花，在纤细叶片的衬托下更加光彩夺目。

花园信息

花园面积：约3300m²
喜欢的店："庭之花"（北海道江别市）
关注的植物：柏树类植物，玉簪、铁线莲

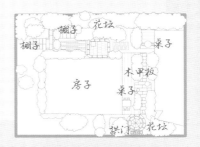

在月季'藤冰山''龙沙宝石'
与深紫色的'紫罗兰'鲜明的
对比中隐约可见深灰色的花园
小屋，这样的画面令人陶醉。

深灰色背景下繁花璀璨的优雅花园

日本东京都 **町田倭文子**

发挥深色的效果，创造出趣味盎然的世界

町田女士家的花园与 6 年前相比，月季长大了，花草也越来越田园风，显得更加迷人。

花园的特色是深色的建材和花园构造物。黑色的房屋外墙和围栏，灰色的花园小屋和拱门，这些构造物组成花园高雅的背景，衬托了花色的华美和叶片的鲜绿，营造出清新脱俗的氛围。

种花草时，要特别注意对比色的使用。町田女士说："为了不给人留下模糊的印象，我们特意挑选了鲜艳的花色作为对比色。"仔细检查种在显眼位置的深色月季的株高和枝条的长势，严选形象符合要求的品种。种植后，为了避免花色过艳，时刻注意控制植株的体积和花量。在增加深色花的同时，也相应增加白色花和叶片的数量，以起到色彩平衡的作用。如果感觉花色的对比过于强烈，就在其间种一些过渡色的花。卓越的平衡感和对花园整体的洞察力营造了一个高雅绚烂的空间。

黑色的背景让月季看起来更绚烂

1 黑色的外墙衬托着月季的花色，形成一面美丽的花墙。在对比鲜明的深粉色和白色月季之间搭配淡紫色月季'紫罗兰'，使色彩更加和谐。**2** 白色月季是'约克白'，深粉色月季是'吉卜赛男孩'。

在深沉的背景与白色花朵间穿插对比色，效果立竿见影

在浅色月季'珠宝盒'和'巴赫美人'攀爬的黑色围栏这个单调的舞台上，玫红色月季'悠莱'闪亮登场。

用红色增加草丛花色的对比度

3 在开满麦仙翁和香雪球等白花的角落，红玫瑰勾勒出成熟的美。**4** 蛇莓、雏菊和鱼腥草纷纷从铺路石的石缝中探出脑袋，一片油绿。蛇莓红色浆果的点缀让草丛一下子变得可爱起来。

素雅的深灰色小屋营造出花园独特的风格

小屋上下被轻盈的绿色包围着，与花园中的植物融为一体，更增添了高雅气质。

5 取下旧遮阳伞的伞布，牵引月季'保罗的喜马拉雅麝香'到伞架上，形成一片凉爽的绿荫。这是一个很巧妙的创意。**6** 小屋的展示架上，摆放着陶盆和其他小摆件，起到点缀的效果。

路边和门口装饰得特别光彩夺目

7 在路旁的花坛处设置拱门，令月季在拱门上盛开。下面搭配白色或绿色的植物衬托出月季的娇艳。**8** 因门口种植空间较小，所以将盆栽放在一起，增加分量感。顶部的白色月季'冰山'和紫色的'紫罗兰'左右交相呼应，优美雅致。

关键

花 园 信 息

花园面积：40m²
喜欢的店："普罗特里夫花园岛（玉川店）"（东京都世谷田区）
关注的植物：景天科植物

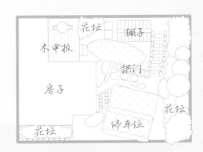

红铜色叶片和标牌在
明亮的斑叶上投下了影子

在斑驳轻盈的花叶羊角芹丛
中，种上有红铜色叶片的花
叶矾根，形成对比，营造出宁静
的气氛。

同色系叶片的组合带来
渐变色的效果

午后阴凉的一角。铁筷子、阔叶山
麦冬、花叶矾根和花叶羊角芹的组
合显得安静祥和。

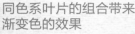

关键

鲜亮的金色叶片
成为高光

在一片绿油油中，金黄色
的花叶矾根格外抢眼。它
为暗淡的建筑增添了色
彩，带来了明亮和立体感。

弯弯曲曲的砖砌小径给人一
种深邃感，用不同叶色的花
叶矾根装点小径两旁。

3
彩叶和宿根草成为黄色
花园小屋的点缀色

日本琦玉县　**鱼住惠子**

花园构造物也成了点缀，
为优雅的小院增添一点华丽感

　　鱼住家的小院以绿色为主，房屋外墙和宿根草的颜
色形成对比，营造出富于变化的景观。据说当初买房的
时候，花园的土质很差，无论种什么都活不了。于是，
鱼住一家决定对整个庭院进行改造，并委托专业的园艺
公司进行施工。

把耀眼的黄色小屋建在容易形成绿荫的花园入口处。黄色和白
色的背景映衬着粉被金合欢和花叶黄杨，给人明亮的观感。

　　首先确定下来的是成为焦点的黄色小屋。小屋的颜
色是参考园艺书确定下来的，并请施工队根据房子的外
墙进行设计。以小屋的颜色为主色，在小径的两侧种植
不同颜色和形状的观叶植物。在一片绿色中，藤本月季、
毛地黄和一些宿根植物的彩色花朵纷纷探出脑袋。小径
中段两侧，种着花叶的四照花和野鸦椿。它们渐渐长大，
形成一个绿色的拱门，姿态变得更加自然。在餐厅前搭
设的宽敞露台上，可以看到花园中幽曲的小径如同一条
色彩斑斓的丝带。

　　鱼住女士打理这个花园积累了不少园艺经验。她说：
"我喜欢百花齐放、色彩缤纷的英式花园。看来下次要
挑战一下种月季了。"

关键

跃入眼帘的明黄色
让植物更出彩

参考园艺书，选择黄色作
为小屋的墙壁色。在鲜艳
的花园背景下，斑驳的四
照花和野鸦椿让绿色更加
生动。

带来宁静感的成熟色植物，
让小花倍显娇艳

砖墙脚下，可爱的柠檬色矮牵牛点
缀在沉稳高雅的铜叶紫苏和银叶
百里香之间。

斑叶和宿根植物的花色
使花园色彩更加丰富

室内和露台的地板高度一致。从餐厅直接来到露台，在露台上看一看美丽的花园，逗一逗心爱的小狗，放松一下心情。

平缓曲折的小径两侧种着不同颜色的绿植。毛地黄苗条的花穗将树和草连接起来。

用墙壁和邮筒的颜色衬托出花色的美

1 鲜红的邮筒前，猫薄荷开着淡紫色的可爱小花，营造出如明信片般美丽的画面。**2** 绿色的外墙上悬挂着玫红色与紫色的双色倒挂金钟，给人留下深刻的印象。虽然只是简单的植物，但因为与背景之间的互补色作用，花色变得更美了。

小屋和花园的分隔墙重现了令人憧憬的英国科茨沃尔德的古老石墙。石头的颜色与小屋的颜色相得益彰，角落不会显得黯淡无光。

渐变的粉色成为绿色花园的点缀

3 前面是粉色的乔木绣球'安娜贝尔'，后面是有波浪花瓣的紫粉色大花铁线莲和深粉色的月季'红木香'。浓淡不同的粉色，形成美丽的花色组合。**4** 白色的墙壁衬托着深粉色的月季'红木香'。花虽小，但开得很密集，存在感十足。

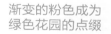

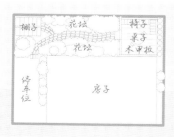

花园信息

花园面积：约30m²
喜欢的店："绿手指咖啡店"（埼玉县鹤岛市）

4

以粉色为基调的前庭花园

日本茨城县 **沼尻京子**

在视野开阔的地方搭建优雅的铁艺凉亭。用矮牵牛的吊篮装点四周，增添华丽的色彩。

粉色月季和宿根植物共奏和谐乐章

这里是沼尻女士的第二处房产，房龄14年。沼尻女士每个周末都会来这里享受花园的美景。偌大的花园分成前庭花园、后院香草花园、观景平台和遛狗区四大区域，每个区域都有不同的风格。

其中，前庭花园最讲究色彩的搭配。在以粉色为基调的边界花坛中，以'天使''甜蜜马车''莫奈条纹'三种月季为主，搭配风铃草、毛地黄等偏冷色调的蓝粉色花，花坛的气氛显得稳重而不幼稚。另外，还通过矢车菊、蓝铃花、钓钟柳、红花矾根等的深色花朵和叶片勾勒轮廓，再用高光的白色小花点缀其间，衬托出不同浓淡的粉色的魅力。沼尻女士说："因为我只在这里过周末，所以选择了香草植物、宿根植物等不需要花费太多精力打理的品种。如果它们长得太茂盛，我就会修剪，以保持平衡。"只有对这个花园和植物了如指掌的人才能用这样的低维护打造出这么漂亮的花园。

后院的背景是筑波山。拥有香草讲师资格的沼尻女士种植了30～40种香草，用于料理和手工制作。

从车库看到的前庭花园。桂花树是标志树，周围还有几株小树。树丛中隐约可见的房子，构成自然丰富的景观。

关键

对比色的组合成为重点

黄色的黄金菊和紫色的香彩雀是树荫下引人注目的对比色组合，旁边搭配的白花增添了清爽感。

成簇开放的月季'天使''甜蜜马车''莫奈杂纹'等枝条下垂，花朵娇艳，融入一片绿色中，打造出迷人的边界花坛。

花坛的外围有景天、金钱薄荷、花叶百里香等植物匍匐环绕，看上去很自然。它们还有锁住泥土和防止滋生杂草的作用。

关键

精妙绝伦的
色彩组合

1 偏蓝的粉红色与冷色系性情相投。紫色的宿根植物柳穿鱼和鼠尾草混搭，呈现出美丽的渐变色效果。

2 白花的使用技巧也是必学之处。长势茂盛、接连开花的芫荽起到很好的衔接作用。

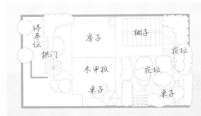

花园信息

花园面积：约2376m²

喜欢的店铺："索马原始花园"（茨城县筑波市）

关注的植物：香草植物

瑰丽的花草演绎年年不重样的
庭院风采

日本埼玉县 权田真理子

今年的主题色是蓝色。
高大的飞燕草成为亮
点，给花园增添了一丝
凉意。为了实现百花齐
放的效果，精选了花期
相同的植物品种。

在月季的包围中，欣赏百花斗艳的精彩

一踏进权田女士家的花园，就会被扑面而来的枝丫挡住去路。权田女士说："近距离观赏月季别有一番奢华感，所以特意让小路狭窄一点。"连接多个拱门，有效利用房屋的外墙，让空间变得更加绚烂多姿。

在这个大花园里，大约种着800种，合计850株的灌木月季和藤本月季。以淡色为主的月季园里，随处可见的花草为花园增添了丰富的色彩。去年是开着秀气的蓝色、白色小花的老鹳草，前年是可爱的麦仙翁……每年更换不同的点缀植物，营造出多变、魅力十足的气氛。今年因为想做出更强的视觉冲击效果，所以选择了深蓝色和浅蓝色两种飞燕草。直立苗条的蓝色花将浅色月季衬托得更加娇艳迷人。

权田女士因迷恋英国月季'安布里奇'柔美的花色和浓郁的香气而开始建园，今年已是第28个年头。每年春季这里都会举办一次花园开放日，相信来访的客人也会很期待花园每年的新变化。

把蓝色作为点缀色的清朗角落

1 在入口靠里的花坛中央种植高大的飞燕草，鲜艳的蓝色格外引人注目。**2** 经常修剪半藤本月季'黄金庆典'，以保持和飞燕草相近的高度，形成色彩的对比。

每天，在养护植物的同时还要检查是否存在视觉死角。

权田女士说，"建造花园最重要的是园中小路"。她每年都会根据花草的变化对小路进行调整，所以砖块等材料是放在地面上而不是固定在那里的。

甜美颜色的月季争芳斗艳，精彩纷呈

紫红色的月季装点着白色的秋千，形成一个独特的空间

在开满月季'芭蕾舞女'的角落里，放着一架白色的秋千。'芭蕾舞女'粉红色的小花和藤本月季'吉卜赛男孩'紫红色的花缠绕交错，散发出成熟的气息。

关键

花园中心的主树——黄栌'蕾丝'的树影更加凸显花草的色彩。

轻柔色调的花朵将拱门装点得更加温馨浪漫

月季'灰色星期三'和淡黄色的'吉莱纳·德·费利贡德'在拱门上攀缘交错，和脚下粉红色的铁线莲交相辉映，营造出浪漫的气氛。

1 长着荷叶状波浪花瓣的可爱杏色月季'杏糖'花开成簇，花朵虽小却很有分量感。**2** 淡紫色的毛地黄和粉红色的月季'尚塔尔'花形各异，形成美丽的渐变色效果。

白色花朵在各色月季间调和

种彩色月季，就要相应种一些白色花来衬托。
为了保持美观，要提前摘掉残花。

淡粉色的月季'莉莉'、深粉色的月季'春风'和淡蓝色的铁线莲'蓝色天使'
组成一条系在铁门上的"锦绣腰带"。

关键

精妙的配色将月季
衬托得愈加俏丽可爱

1 深色的铁线莲使攀缘在外墙
上的白色月季'冰山'更秀气，
更有层次感。**2** 在月季'帕
比·戴尔巴德'周围零星种上
小小的月季'紫罗兰'。杏色、
紫红色的高级组合在绿叶的衬
托下显得更加温润静谧。

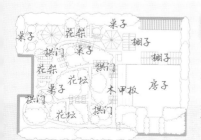

花园信息

花园面积：约1157m²
喜欢的店："青叶农园"
（日本神奈川县横滨市）
关注的植物：红紫色花
色的植物

6

注重花园的骨架，
浓淡不一的绿色熠熠生辉

日本冈山县 **中岛充子**

一条彩叶斑斓的小路

1 粉团蔷薇下面搭配玉簪和黄水枝，更显娇艳可爱。**2** 小路两旁的彩叶植物和矮灌木轻轻地覆盖着小路的边缘，给人一种深邃的感觉。被雨水打湿的叶片更加油亮，更添一缕沉静的风情。

中岛女士看着呈放射状的藤架上爬满的月季'弗朗索瓦'，说："在花园中度过的时光，让我深感幸福。"

花园的前面是访客专用停车位，因为空间有限，所以不设隔断。铺上色彩稳重的砖块，看上去像一个露台。

改造后的花园焕然一新

　　中岛女士经营着一家照相馆。她家的小花园一片绿油油的，很迷人。大约17年前，这里种着许多藤本月季，五颜六色，爬满了围墙。后来，她在打理花园的过程中，慢慢产生了要把花园打造成一个更加稳重的空间的想法。于是，仅留下了几株月季，把花园改造成以叶片为主体的空间。

　　首先是基础设施的改造。花园的尽头是工作仓库，为了方便通行，对通往仓库的路面进行整修。请木匠搭设棚架和外墙，将仓库隐藏其中，使花园看起来更加立体。为了突出植物的美，中岛女士为棚架和外墙选择了较为保守的蓝灰色油漆，并亲自进行粉刷，仓库则用混合了蓝、红、黑、绿四种颜色的深绿色油漆进行粉刷，看上去很隐蔽。

　　在种植方面，选择了红花矾根、玉簪等观叶植物，以及花朵为白色、蓝色等浅色系的植物品种。在重要的地方都种上常绿植物，比如用香雪球为花坛镶边、用山茱萸遮挡砖墙等，以使冬季的花园也能保持绿色的生命力。中岛女士说："我要把它建成一个不用太操心的工作花园。"在这个美丽舞台上，春季有可爱的小型球根植物，夏季有华丽的大丽花争奇斗艳、各显风采，增加了季节变化带来的乐趣。

深色叶片起到收紧轮廓的作用

3 与浅色花搭配的是有明暗变化的观叶植物，如红花矾根和银边翠等，多了一分成熟，也让植物更显层次。**4** 植物组盆也用同样的方法营造立体感，使角落更加迷人。

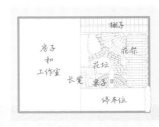

小花园用直立的花草增加立体感

5 在绿色的渐变空间里，蔓生的铁线莲'白万重'柔和的色彩显得更加出色。**6** 飞燕草等直立生长的修长品种起到很好的点缀作用。

在没有阳光直射的花架下面，过路黄长势茂盛。放上一些小摆件，激发一下想象力。

花园信息

花园面积：约50m²
喜欢的店："Tree Trunk"
（冈山县津山市）
关注的植物：彩叶植物

35

7 花园构造物和月季的浪漫融合

日本长野县 **下村美幸**

根据建筑风格设计的花园

23年前，下村夫妇购买了一栋西式住宅，开启了园艺生活，目标是建一个和明黄色住宅相搭的可爱花园。一开始，他们先花了2年时间改良土壤。

设计的重点是花园的构造物。花架和配套的花园小屋是夫妻二人自己搭建的，并且涂成象牙色，打造出一个衬托植物的闪亮舞台。此外，扩建的连接着住宅的黄色温室外墙上爬满了月季和铁线莲，为花园增添了华丽的色彩。

栽种的品种以下村夫妇最喜欢的粉红色月季为主。下村女士学生时代曾是学校美术社团的成员，她说："布置花草，就像画水彩画一样。"为了衬托月季的花色，使用紫色和白色的花草以保持色彩的平衡，整体呈现"白色—粉色—紫色"的渐变色效果。此外，随处可见的可爱摆件也是提升花园魅力的要素之一。以绿色和白色的摆件为主，布局讲究，尽量做到不干扰植物的颜色。"鸟笼和废旧单车都是重新粉刷过的。"

花园构造物与植物、摆件相得益彰，就像挑选水彩笔一样，用自己喜欢的颜色画出了一幅美丽和谐的花园美景。

下村女士坚持无农药栽培植物，尤其喜欢昆虫和鸟类的造访。在园艺工作之余，从玻璃房眺望花园真的很幸福。

在下村家的花园，从一树隙间漏出的柔和阳光洒落在紫丁香花上。象牙色的小屋和花架看上去非常和谐自然。

灰色调的背景搭配
华丽的鲜花和摆件

1 栏杆上的月季'安吉拉'和
铁线莲'珍妮'。"先种月季，再
寻找花色匹配的铁线莲。两种花
都开得很旺盛，并且'性情相
投'。" **2** 装饰在花园小屋外墙上
的复古浇水壶在园艺工作时也可
以使用。 **3** 藤本植物轻轻地缠绕
在挂件上，真是精美绝伦。

像绘本一样的美景
令人目不暇接

月季的下方用白色、粉色和紫色的花草增添野趣

白色的芫荽、粉色的天竺葵、紫色的飞燕草等草花衬托出月季
的娇艳。小路上铺着椰壳纤维，看上去更加自然。

下村先生的作品——
花架上面爬满了月季
'西班牙美女'和山葡
萄。在挡板上切出一
个个钻石形的小孔。

绿色和白色的组合
看上去清爽秀气

4 在山葡萄藤下悬挂鸟笼，用时尚的栅栏遮挡邻居的视线。通过精心设计，避免出现视觉死角。**5** 小屋的窗下摆着绿色和白色的摆件，清新脱俗。撒上几片粉红色的玫瑰花瓣，看上去更美。

关键

小屋内放着重新粉刷过的书桌，可用作混栽的作业台。桶里放着泥土和浮岩。

关键

访客的第一印象是
外墙特别粉嫩可爱

月季'少女心'和铁线莲'贝蒂康宁'的组合，把停车场对面的角落装扮得粉嫩可爱。

将月季牵引到小屋上，使小屋在月季的藤蔓中若隐若现，增添了一丝神秘感。把车篮装满鲜花的废弃单车涂成和花园相称的棕色。

花园信息

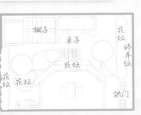

花园面积：约50m²
喜欢的店：
"我的房间（伊那店）"
（长野县伊那市）
关注的植物：
珠光香青等野花野草

以白色系月季为背景，增强喜爱的品种的存在感

拜访"清水工业花园"的花园咖啡厅

在人气花园里
寻找园艺搭配的灵感

在日本小有名气的"清水工业花园"的办公区里，设置了一家花园咖啡厅。本节将向你介绍他们专业的种植技术和园艺搭配技巧。

鸟盆藏在绿色灌木丛中，盆中则放着五颜六色的月季花，引人注目。鸟盆前种着可爱的经典月季'雷诺·沃特'，绽放出耀眼的光芒。

注重细节的美丽月季园

这是一片高墙围绕的区域，穿过一扇大门，满眼姹紫嫣红，是围墙之外无法想象的震撼。这就是名副其实的秘密花园——"清水工业花园"办公区附设的花园咖啡厅。公司负责人清水守本着"建一个疗愈人心的花园咖啡厅"的初衷，和妻子喜代子女士一起设计了这个花园，并于10多年前开业。无论旺季与否，这里都美不胜收，回头客很多。

与"疗愈空间"的主题相符，花园的植物以白色、奶油色、淡粉色等柔和色调为主。喜代子女士负责植物栽种，喜欢经典月季和现代月季的她选择了像'索伯依'这样高贵且具有田园风的月季品种。

用细腻的渐变色打造出连续的月季拱门，喜代子女士最喜欢的月季'欢迎'优雅的粉花与白花相映成趣。

牵引紫色月季至拱门背面的墙根处

1 这里种着与石墙相称的小型藤本月季'薰衣草友谊'。喜代子女士说："为了避免花园给人留下模糊的印象，到处都有深色花朵的点缀。"散步时回头看一看拱门，乐趣也会增加不少。**2** 用白色和紫色的毛地黄搭配月季，直立、有分量感的花穗使空间看起来更加立体。

注重色调搭配的同时，用完全不同的花形打造出一个张弛有度的空间

{ 用柔和色调
打造出一个
心灵疗愈的
空间 }

为了避免单调，各处都特别注重搭配。"在浅色的花丛中，深色花很显眼。因此，我们会选择隐蔽一点的地方，比如拱门后面或者高高的围栏顶部等，将深色花看似随意地点缀其间。"注重细节的配色方案会创造出和谐的美。

用带褶边和切口的莲座状月季'欢迎'和铁线莲'查尔斯王子'装饰拱门，加上月季'巴黎女人'和'吉莱纳·德·费利贡德'的杏色花，气氛变得更加柔和。

蓝色与粉色的
组合，可爱高雅

厚重的石拱门
搭配白色的月季，
优雅与田园风并存

3 4
5

到处都有
为散步的人
精心设计的
园艺景观

用不同的植物提升
正门两侧的格调

3 会变色的古董色月季'薰衣草匹诺曹'配上蓝色的牛舌草和飞燕草，组成细腻的色彩组合。 4 石拱门上采用四季开花、少刺、易于牵引的藤本月季'白满天星'，以及藤本月季中罕见的秋季开花品种'吉莱纳·德·费利贡德'，还选用了开花不断的宿根植物和具有白色、奶油色花色的植物。 5 后方是月季'布兰·皮埃尔·德·隆萨尔'和'情书'。最前面的深红色月季'贾博士的纪念'和摩洛哥柳穿鱼的组合，营造出神秘的氛围。

坐落在庭院深处的现代建筑是咖啡厅、杂货店兼办公室。五颜六色的鲜花竞相开放，宛如一座花卉美术馆。

型月季搭配同色系纤细的
花，细节也很美

6 7

花径大小不同的
同色系月季组合
增加了层次感

8

黄色的花和叶片成为点缀，
点亮了空间

咖啡厅窗边的座位处可以看到花园的美景。大柄冬青和紫薇
等带来的树荫让人倍感放松。

6 拱门尽头的铁艺座椅周围植物很丰富，有引人注目的月季'春
天的朋友'，还有同色系的摩洛哥柳穿鱼。**7** 用来装饰方尖碑爬
架的月季有色彩柔和的'仁慈的赫敏''蓝色梦想'，以及芬芳的
银粉色'迪奥''费加罗夫人''纸月亮'等。同色系的组合给人
浪漫的感觉。**8** 咖啡厅的窗外是一个花坛，华丽的黄色月季'茱
莉亚·查尔德'成为白色月季'冰山'、铁线莲'撒玛利亚·乔'
的点缀。前方的黄花大戟也增加了整个场景的亮度。

学习黑田健太郎的花色搭配技巧

黑田健太郎

经营"Flora黑田园艺",是一位植物布景和装饰工程师,受到全国各地园艺爱好者的喜爱。

好的园艺种植需要好的配色方案。首先,要确定种植的主题色,然后选择相应的植物。如果是在花坛中栽种,可以分成几个区域来确定主题色。同一区域使用的颜色限制在两三种,颜色不要过多,白色可以不算在内。无论搭配什么颜色,白色都可以起到衔接的作用。用好白色花可以使花坛变得明亮和谐。在做配色方案之前,先了解一下右图中的色环是很有帮助的。

下面,我们将介绍"Flora 黑田园艺"的专业花园配色方案,希望能够帮到你。

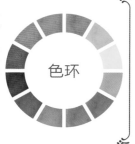

色环是指除白色和黑色外的彩色光谱的色彩序列。使用相邻的色系或同色系内的色彩,能营造出和谐与稳重的效果。位于相反方向的互补色(相反色)是对比度很强的色彩组合。

色环

不同形状、浓淡的粉红色花的组合，
会给人留下更加深刻的印象

花坛的一角看上去很可爱。明亮的粉红色五星花和深粉色玫瑰叶鼠尾草的组合看上去很稳重，鲜艳的红菊成为点缀，明亮的细叶金钱蒲让红菊看起来更娇艳。

同色系的搭配

红色和橙色、橙色和黄色、紫色和蓝紫色等在色环中相邻的颜色称为"同色系"。因为颜色的性质和营造的氛围相似，所以搭配在一起很和谐，即使是新手也很少会失败。

暖色系花朵的组合，高雅时尚

主花是橘红色的大丽花，雍容华丽，与油亮的深红色鸡冠花、巧克力秋英、锦绣苋的红铜色叶片、柳叶水甘草的黄色叶片一起，构成一幅美丽的画卷。

用观叶植物进行色彩过渡

红底带橙色和绿色斑纹的美人蕉'怀俄明州'与带酸橙黄色斑纹的美人蕉'曼谷'混栽在一起。美丽的蓝蝴蝶纤细的绿色叶片起到衔接的作用。

给粉色的花带
增加明亮的色彩

粉色的紫罗兰、深红紫色的三色堇和锦带花'红王子'构成了一条粉色渐变色的"腰带"。柠檬黄色的三色堇和银叶爱莎木增加亮色。黑叶的黑龙草起到收紧的效果。

渐变色的布置可以突出主花的个性

花期从秋季一直持续到春季的三色堇组合。丝绒感的深紫色三色堇作主花，搭配2种紫色系的三色堇，看上去很有深度。小植株的使用使整个画面看上去灵动又开阔。

使用相反色，做到张弛有度

黄色和紫色、蓝色和橙色等色环中相反的颜色之间的组合称为"互补色（相反色）"。清晰的对比给人鲜明的印象，张弛有度。

用明亮的互补色吸引眼球
以紫色的马鞭草、风铃草、蜜蜂花与淡紫色的猫薄荷、风铃草、藿香等组成的渐变色为基调。在前面添加一株黄色的雏菊'达贝格'，增加亮度，营造愉悦的气氛。

增加大花坛的分量感
黄花的菊芋、万寿菊和黄叶的黄金串钱柳、金叶女贞，搭配有分量感的紫色香彩雀。宽阔的花坛搭配纤细的草花，多姿多彩，令人印象深刻。

用分量增加颜色的强度，使互补色的组合更加美丽
橙色的藿香搭配深紫色的香水草。色泽柔和、花姿细腻的藿香，仅用3株就能表现出比香水草更出色的存在感。在互补色的搭配中，色彩鲜艳和分量平衡是获得美丽的关键。

柔和的绿色衬托出红花的鲜艳
纤细的粉红色鼠尾草和香彩雀与其的有着绿色花萼的黑种草搭配。黑种草淡淡的绿色与周围的绿色融为一体，红花让花坛更富于变化。

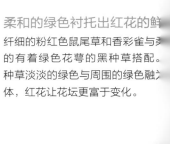

用不同姿态的花草调和色彩的对比度
小花坛以深粉色与白色的波斯菊为主花。下面是鲜艳的黄色波斯菊和拥有美丽的黄色叶片的金叶女贞。对比鲜明，同时柔软的姿态也给人留下温柔的印象。

在柔和色调的植物中加入少量强烈的互补色
在酸橙黄色的金钱蒲、黄花的景天属植物、羽衣草和花菱草中加入紫红色的矢车菊，起到点缀的作用。

将相近的颜色、形态
完美地融合在一起

在开着鲜艳紫色花的林荫鼠尾草旁
种上高雅的淡紫色猫薄荷。轻柔的
组合，营造出梦幻般的风景。可以
欣赏到花形、花色间的微妙差异。

成熟的深色给花坛带来
树荫的感觉

以高雅的巧克力色石竹'黑熊'
为主花，搭配颜色几乎相同的
珍珠菜'鞭炮'和紫叶酢浆草。
黑色的植株给宽大的花坛带来
了沉稳感。

用单色营造统一感

确定一种主题色，并围绕其呈现浓淡的差异。要善于
运用花、叶的形状和纹理，既要变化，也要和谐。花
色容易搭配，但不容易出彩。

用或浓或淡的渐变色增加气氛

"S"形小径沿线的野趣盎然的花坛。以鲜红的石竹为主，搭
配暗红色的锦绣苋和颜色更深的红花矾根，形成红色的渐变色，
像一件时尚的秋装。

秀气的白花和白纹斑叶的组合，
看上去很凉爽

长着大花苞的一串白、开着半球形小花的
马樱丹、藤蔓植物美洲杜鹃和花叶木通组
合在一起，驱散了夏季的炎热。

震撼的戏剧性场面

种植较大面积的白花植物，通过形态和高度的不同来增加变化。较高
的是毛地黄和香彩雀，中等高度的是彩绘鼠尾草、木槿花和贝壳花的
组合，较矮的是凤尾草和银边翠，形成一个高低错落有致的白色花园。

松果菊属

Echinacea

菊科　多年生植物
花期：夏季
株高：30～100cm
花色：粉红色、白色、红色、
橙色、黄色

一串白

Salvia splendens

唇形科　一年生植物
花期：初夏至秋季
株高：30～60cm
花色：红色、白色

蓝花丹

Plumbago auriculata

白花丹科　常绿灌木
花期：初夏至秋季
株高：3m 以下
花色：蓝色、白色

蓝花鼠尾草

Salvia farinacea

唇形科　多年生植物
花期：初夏至秋季
株高：40～50cm
花色：蓝色、白色

金丝桃属

Hypericum

金丝桃科　常绿灌木
花期：夏季
株高：30～100cm
花色：黄色

鬼针草属

Bidens

菊科　多年生植物
花期：晚秋至冬季
株高：80～100cm
花色：白色、黄色

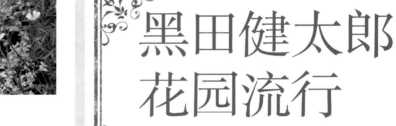

黑田健太郎
花园流行

我们将分成草花和彩叶两个部分介绍黑田健太郎

金鱼花

Mina lobata

旋花科　不耐寒的多年生植物
花期：秋季
株高：2～5m
花色：黄色至深橙色

大丽花'牛津'

Dahlia 'Oxford'

菊科　多年生球根植物
花期：夏季至秋季
株高：约50cm
花色：橙色

总苞鼠尾草

Salvia involucrata

唇形科　多年生植物
花期：夏季至秋季
株高：1～1.5m
花色：深粉红色

打破碗花花

Anemone hupehensis

毛茛科　多年生植物
花期：夏季至秋季
株高：50～100cm
花色：粉红色、白色

巧克力秋英

Cosmos atrosanguineus

菊科　多年生植物
花期：秋季
株高：30～60cm
花色：红色、茶色

菊花

Chrysanthemum morifolium

菊科　多年生植物
花期：秋季
株高：30～70cm
花色：红色、粉红色、白色、
黄色、橙色

山桃草

Oenothera lindheimeri

柳叶菜科　多年生植物
花期：初夏至秋季
株高：0.6～1.5m
花色：粉红色、白色、红色

千日红属

Gomphrena

苋科　不耐寒的多年生植物
花期：秋季
株高：15～70cm
花色：紫色、粉红色、白色、
红色、黄色

绣球

Hydrangea macrophylla

绣球花科　落叶灌木
花期：初夏
株高：约2m
花色：蓝色、紫色、粉红色

鹅河菊属

Brachyscome

菊科　一年生或多年生草本植物
花期：春季至秋季
株高：10~30cm
花色：紫色、蓝色、白色、粉红色、黄色

林荫鼠尾草

Salvia nemorosa

唇形科　多年生植物
花期：春季至夏季
株高：约40cm
花色：蓝紫色、粉红色、白色

紫黑珍珠菜'博若莱'

Lysimachia atropurpurea 'Beaujolais'

报春花科　一年生、二年生植物
花期：初夏
株高：40~60cm
花色：酒红色

推荐的植物

推荐的植物，这些植物能给花园带来独特的韵味

乔木绣球'安娜贝尔'

Hydrangea arborescens 'Annabelle'

绣球花科　落叶灌木
花期：初夏
株高：约1.5m
花色：白色、粉红色

蕾丝花

Orlaya grandiflora

伞形科　一年生植物
花期：春季至初夏
株高：约75cm
花色：白色

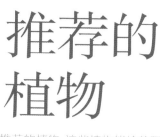

欧洲银莲花

Anemone coronaria

毛茛科　多年生球根植物
花期：春季
株高：15~40cm
花色：粉红色、红色、蓝色、白色、紫色

金鱼草

Antirrhinum majus

车前科　一年生植物
花期：春季
株高：0.2~1.2m
花色：白色、红色、粉红色、橙色、黄色，复色

龙面花属

Nemesia

玄参科　一年生、多年生植物
花期：秋季至第二年初夏
株高：10~40cm
花色：蓝色、白色、粉红色

石竹'黑熊'

Dianthus 'Black Bear'

石竹科　落叶灌木
花期：春季至初夏
株高：约50cm
花色：深红色

铁轴草

Orthosiphon labiatus

唇形科　多年生植物
花期：夏季至秋季
株高：0.6~1.2m
花色：粉红色

重瓣三色堇

Viola tricolor

堇菜科　一年生植物
花期：晚秋至第二年春季
株高：20~30cm
花色：蓝色、紫色、黄色、白色、红色、粉红色、橙色、黑色，复色

三色堇

Viola tricolor

堇菜科　一年生植物
花期：晚秋至第二年春季
株高：约20cm
花色：蓝色、紫色、黄色、白色、红色、粉红色、橙色、黑色，复色

蔷薇属

Rosa

蔷薇科　落叶灌木
花期：春季至秋季
株高：0.2~10m
花色：粉红色、红色、白色、黄色、橙色、紫色、茶色、绿色，复色

葡匐筋骨草'勃艮第之光'

Ajuga reptans 'Burgundy Glow'

唇形科　多年生植物
花期：春季
株高：10~30cm
叶色：奶油色至紫色，再至绿色

银叶紫花野芝麻

Lamium maculatum 'Sterling Silver'

唇形科　多年生植物
花期：初夏
株高：10~30cm
叶色：白色至绿色

无柄白花绿苋草

Alternanthera ficoidea 'Sessilis Alba'

苋科　多年生植物
花期：夏季
株高：30~50cm
叶色：白色至绿色

银叶菊

Jacobaea maritima

菊科　多年生植物
花期：秋季
株高：20~60cm
叶色：银色

锦叶扶桑

Hibiscus rosa-sinensis 'Cooperi'

锦葵科　常绿灌木
花期：夏季
树高：0.8~1.5m
叶色：奶油色至红色，再至绿色

常绿大戟'银天鹅'

Euphorbia characias 'Silver Swan'

大戟科　多年生植物
花期：春季
株高：40~60cm
叶色：奶油色至绿色

斑叶五叶地锦

Parthenocissus quinquefolia 'Variegatus'

葡萄科　藤蔓植物
花期：夏季
株高：约15m
叶色：奶油色至绿色

绵毛水苏

Stachys byzantina

唇形科　多年生植物
花期：初夏
株高：30~80cm
叶色：银色

矾根'安伯·韦弗斯'

Heuchera 'Amber Waves'

虎耳草科　多年生植物
花期：春季至初夏
株高：约40cm
叶色：黄色至橙色

金叶亮叶忍冬

Lonicera ligustrina var. *yunnanensis*
'Baggesen's Gold'

忍冬科　常绿至半常绿灌木
树高：约80cm
叶色：嫩黄色

芒颖大麦草

Hordeum jubatum

禾本科　多年生植物
发穗期：春季至初秋
株高：约60cm
穗色：淡黄色

赛菊芋'罗兰阳光'

Heliopsis helianthoides 'Loraine Sunshine'

菊科　多年生植物
花期：夏季至初秋
株高：50~100cm
叶色：奶油色至绿色

棕红薹草

Carex buchananii

莎草科　多年生植物
发穗期：夏季
株高：30~50cm
穗色：茶色

麻兰

Phormium tenax

阿福花科　多年生植物
花期：夏季
株高：0.6~3m
叶色：茶色、茶红色、绿色，复色

小头蓼'银龙'

Persicaria microcephala 'Silver Dragon'

蓼科　多年生植物
花期：夏季
株高：40~60cm
叶色：红色至茶色，再至嫩黄色

金叶茅莓

Rubus parvifolius 'Sunshine Spreader'

蔷薇科　多年生植物
花期：春季至初夏
株高：约40cm
叶色：黄色至橙色

紫叶接骨木

Sambucus nigra 'Black Lace'

五福花科　落叶乔木
花期：初夏
树高：3～10m
叶色：黑紫色

黑沿阶草

Ophiopogon planiscapus

天门冬科　多年生植物
花期：夏季至秋季
株高：10～20cm
叶色：黑褐色

欧黄栌

Cotinus coggygria

漆树科　落叶灌木
花期：初夏
树高：2.5～4m
叶色：紫红色、绿色、黄色

红背马蓝

Strobilanthes auriculata var. *dyeriana*

爵床科　多年生植物
花期：秋季
株高：0.6～1.2m
穗色：深粉色至绿色

无毛风箱果 '空竹'

Physocarpus opulifolius 'Diabolo'

蔷薇科　落叶灌木
花期：初夏
树高：1～2m
叶色：红褐色

齿叶橐吾 '午夜女郎'

Ligularia dentata 'Midnight Lady'

菊科　多年生植物
花期：夏季
株高：约1m
叶色：深紫绿色

巧克力锦

Sedum 'Chocolate Drop'

景天科　多年生植物
花期：夏季至秋季
株高：30～50cm
叶色：深紫红色

小檗属

Berberis

小檗科　落叶灌木
花期：春季至初夏
树高：3～10m
叶色：红色、茶色、黄色、复色

树木是大自然的馈赠

随着四季的变化，手工制作的木质储藏室更能突出花园的魅力。大自然孕育出的日本杉，简简单单就能营造出一个柔和温馨的空间。

用世上独一无二的储藏式小屋来实现你想描绘的花园世界吧！

球根花卉的时尚搭配

宫本里美的方案

春季开花的球根植物在春日暖阳的照射下晶莹剔透、熠熠生辉。

欣赏如花束般紧凑的风情

第一次参观英国彼得舍姆苗圃时，宫本女士就被春日盛开的球根植物吸引住了。花盆里密密麻麻地种满了风信子，球根的上半部露在外面，美得令人震惊。

这里的球根种得密密麻麻的，开花时像花束一样华美。植物的组合非常简洁，突出了每一朵花的魅力。选择一个造型简洁的花盆也是很重要的，这样才能衬托出花的娇美。即使错过了秋季的种植期，也可以购买新年发芽的球根。它们同样会开出美丽的花。

【使用植物】风信子（紫色／白色）

散发着春日气息的风信子花箱

将2种花色的风信子种在浅蓝色的铁皮容器里。紫色花朵产生阴影，更能突出白色花朵晶莹剔透之美。注意不要选择互为对比色的风信子，同一色系的适当组合看起来会更高雅美丽。

示例2

在富有质感的空间
用黑色营造成熟的气质

选择花朵为黑色的郁金香品种，可以营造
出优雅成熟的氛围。用高一点的简单竹筐
或高脚花瓶可以衬托出暗黑的花色和苗条
的姿态。选择白色的背景可以让花朵的轮
廓看上去更加清晰美丽。

示例1

【使用植物】郁金香'夜皇后'

【使用植物】郁金香'黑鹦鹉'

用渐变的花色和大小不一的花盆
增加视觉的变化

大大小小的花盆里，分别种上一两种葡萄风信子，摆在一起，看上去质朴又可爱。使用表面长苔藓的素烧花盆，营造出浓浓的乡土气息。在或蓝或白的花色中，葡萄风信子'粉乐'朦胧的红色起到温暖的插色效果。

【使用植物】葡萄风信子'青花'、葡萄风信子'葡萄冰'、葡萄风信子'超级明星'、葡萄风信子'深蓝'、葡萄风信子'粉乐'

用花的质感差异在花盆中
谱写优美的旋律

把蓝色的风信子和葡萄风信子种在一起，描绘出一幅美丽的渐变色图画，不同大小的花穗像一个个美丽的音符。花盆两边用铁丝网围住，并用水苔包裹，像标本一样，简单却魅力无限。

【使用植物】风信子'蓝'、葡萄风信子'蓝夫人'、葡萄风信子'西伯利亚虎'、葡萄风信子'青花'

两三种球根的混栽组合

像插花作品一样精致

在杯状花盆中混栽3种白花球根，看上去充满贵族气质。因为开花期有些偏差，风信子、葡萄风信子和郁金香依次开花，赏花期长。花盆中间的植物种得稍高一些，看上去更加贵气。球根上用水苔覆盖。

【使用植物】风信子（白色）、郁金香'塔科马山'、葡萄风信子'西伯利亚虎'

半个月后

郁金香和葡萄风信子高低错落，细微的色差增加了设计的层次感。

将主花的美表现得淋漓尽致

在嫩绿色的锡质花盆中，重瓣迷你郁金香和2种三叶草混栽，很养眼。素雅的油漆色提亮了花色，黑色的三叶草烘托着黄色的花，精致的花斑小叶点缀其间。虽然看上去很简单，但因为有了色彩的对比而显得很有层次感。

【使用植物】郁金香'黄色宝贝'、三叶草'丁香尼罗'、三叶草'丁香铃铛'

球根植物从花苞到满开都很迷人

花苞慢慢绽放的球根植物就像一幅画。特别是郁金香，它圆滚滚的花苞格外迷人，在从花苞到盛开的过程中，花色的微妙变化也很有趣。

花蕾

花开八分

盛开

用柔软的草花填补空间，提高观赏性

冬季的主角是盛开的屈曲花，郁金香的叶片变成配角。春季，主角换成了郁金香。常绿的银叶金丝桃连接着花盆和花，起到衔接的作用，很雅致。厚重的石质花盆看上去像一个小型的石砌花坛。

【使用植物】郁金香'婴儿蓝'、屈曲花、百里香'丝绸之路'

小型球根的出芽球根可作室内装饰

新年一到，花店零星可见的出芽球根不但非常适合混栽，葡萄风信子、雪花莲、迷你郁金香等小型球根还很适合像切花一样摆放在室内。

这里介绍的是使用玻璃器皿的葡萄风信子和铃兰的混搭组合。白色的小花楚楚动人，器皿中的根部看上去野趣十足。制作步骤也很简单。首先将根部的土壤清洗干净，然后放入花器中，放的时候注意防止根部折断，再用苔藓进行填充固定以防植株倾倒。容器底部可放入少量硅酸盐白土，起到净化水质的作用。

为色彩单调的季节
增添高雅的颜色

在铁艺花器中种上铁筷子'迷你玛利亚'，从年底开始就可以赏花了。花穗较大的风信子种在另一侧，最后在花器两端都种上葡萄风信子，保持整体的平衡。春季到来时，黄色的水仙就会取代风信子为作品增光添彩。

【使用植物】风信子'蓝'、葡萄风信子'阿兹鲁姆'、葡萄风信子'蓝夫人'、铁筷子'迷你玛利亚'、水仙'新生儿'、万年草

| 要点1 | 放到叶片变成褐色为止 |

4月
上旬

风信子球根栽种3年

5月
上旬

叶片枯黄以后，可以施几次速效肥

叶片枯了暂时不管
OR
数年一次整株挖出

开花后的护理方法

要让今年开过花的球根植物在第二年仍然开出漂亮的花，最重要的一点就是要让球根长大。花后，要立即摘去残花，留下茎叶进行光合作用。葡萄风信子、风信子和原种郁金香可以连续栽种多年。园艺品种的郁金香容易腐烂，建议每年更换新种球。想让球根植物再次开花，花后要好好施肥，梅雨季前将球根挖出，秋季再次栽种。

园艺导师
"GARDENS"宫本里美女士

"GARDENS"（日本香川县高松市）是一家专门为都市女性设计花园的园艺店，宫本里美女士是"GARDENS"的代表，负责花园的设计和施工。她每年都会到英国和法国等地的花园参观学习，并将各种花园风格融入自己的花园建设中。

| 要点2 | 放在不显眼的地方收纳 |

花期过后，花盆可以放在长椅下等有阳光却不显眼的地方收纳，不会妨碍景观。

可爱的球根花卉
在"绿蔷薇花园"盛开

Let's plant bulbs!

"绿蔷薇花园"与山野融为一体，春季和秋季的花园开放日可以一睹其最迷人的风采。

感受春芽破土、春色满园

从东京坐电车约1小时车程的宁静的后山之地，有一座"绿蔷薇花园"。齐藤良江女士亲手打造的这个花园令人过目难忘。在这个奔放的绿色空间里，你能感受到季节的交替、岁月的变迁。春季，郁金香等球根植物和宿根草竞相开放，如梦如幻。

30多年前，这里还是一片荒芜，杂草丛生。从那时起，齐藤女士就和丈夫一起开荒拓野，一点点地添置草木，一步步地建起了花园。一开始并没有成型的设计方案，经历了无数次的试错才慢慢形成现在的花园风格。"只要找到合适的地方，植物就会茁壮成长，就能营造美丽的景观。"

对于郁金香，齐藤女士会在每个种植点按种类和数量列出清单进行管理。花后没有挖出球根，而是每年种植株高和花色匹配的新球根。花园小路也很有韵味，每走一步都有不一样的风景，令人百看不厌。

园中花木郁郁葱葱，如诗如画。你几乎看不到裸露的泥土，可以看出园丁的用心。"在合适的地方种合适的花草"，这就是"绿蔷薇花园"的初心所在。

1 爬满月季'新曙光'的花架下是咖啡厅的特等座。在这里可以一边品尝手工茶点，一边欣赏花园的美景。**2** 显眼的红花矾根'骆驼'成为花坛的点缀，将橙色花朵和绿色叶片自然地衔接在一起。**3** 把旧椅子的椅面拆掉，剩下的凹槽中放入土，种上多肉植物。这郁郁葱葱的景象像工艺品一样存在感十足。

这里原本是一个仓库，在保留了基本框架和立柱的基础上，改造成了一个咖啡厅。花坛以郁金香为主，搭配同色系的三色堇，和谐统一。

随处可见的月季拱门也是这个花园的一大特色，增强纵深感，增加了人们对花园深处的期待。

郁金香'玛丽琳'（白色、红色）　郁金香'热情鹦鹉'　　　　　郁金香'蜂鸟'（黄色、绿色）　郁金香'春绿'
郁金香'札幌'（白色）　　　　　　　　　　　　　　　　　郁金香'绿明星'（白色、绿色）

62

绿色成了美丽球根的外包装

齐藤女士说："我很喜欢球根植物和其他花草交替开花的这个时期。"翠绿的叶片和郁金香的对比真的很美。

初开的嫩绿色花是美丽的荚蒾'绿球'。整个开花期花色会慢慢变成白色，这个过程也很赏心悦目。

荚蒾的脚下种着高大的郁金香。在一片绿色的背景中，略带绿色的白花成为一抹清丽的高光。

球根花园小道

以枕木为主，搭配砖块、石头等材料铺设而成的小道，因地面材料的不同而呈现出不同的姿态，增加了空间的深邃感。园路旁，各式各样的花草长势茂盛，纷纷探出头来。为了不让泥土裸露而种植枝繁叶茂的植物，营造出空间的立体感。

1 枕木和枕木之间种植了一年生植物。茂密的三色堇让人不由得停下了脚步。**2** 球根植物开花接近尾声时，筋骨草就开始接力开花了，真是精彩纷呈，还有蕨类、玉簪等耐阴植物，形成一条季节感十足的小路。

这个郁金香品种有着花瓣密集的大花，看起来就像花束一样丰满。刚开花时是深黄色的，随后慢慢变成粉色、橙色。初开时整齐的杯状花会慢慢变成莲座状。有浓烈的茴芹香味。

园路外围的栅栏是齐藤女士用剪下的树枝制作的。不浪费，很环保。

在一个显眼的大瓦罐周围开满了黄色的野芝麻花。清新的花朵、白色的叶片给人留下明亮的印象。

自然的景色中饱含了专业的技巧！

加地先生的
栽种技巧完全分析

位于兵库县的"外景风雅舍"的主人是身为园艺师的加地先生。

由他亲手打造的花园，是一个能让每位来访者瞬间感到被治愈的空间。

读者们也常会询问"加地先生的园艺是如何能做到如此自然又华美的？""想要知道在自家的庭院也可效仿的技巧！"

本期就从"月季""小花""观叶植物"这些关键词入手，一起来详细了解它们的种植技巧吧！

第 71 页还将介绍一些加地先生推荐的植物。

加地一雅先生

"外景风雅舍"（日本兵库县三木市）主人。自幼便与自然亲近，东京农业大学毕业之后，从事花苗培育，1986年建立"外景风雅舍"，主要经营花苗、苗木出售，承接庭院设计与施工。

01 加地先生的月季种植法

要了解月季的特性，使其在种植后与周围的花草融为一体

加地先生亲手打造的月季角看起来浑然天成。华丽的月季如普通草花般与周围的杂草融为一体，营造出十分可爱灵动的景象。关于月季品种的选择窍门与杂草的栽植技巧，接下来将分3段进行详细的介绍。

> 压低攀缘的高度，
> 将凉亭和花坛衔接

在华丽的凉亭前设立花坛，完成整个庭院的焦点之角。花坛后方种上月季'维多利亚·拉雷纳'并牵引至凉亭的栅栏上。拉低月季高度，避免将凉亭过分覆盖。植被与凉亭相互作用，承担各自的角色。花坛的植栽可选择茂密丛生、叶片纤细的花菱草等株型蓬松且具有分量感的品种，将其很自然地种植在一起。也可利用方尖碑爬架或藤蔓架等建筑物进行搭配。

控制藤本月季的高度

月季'维多利亚·拉雷纳'

放大

选择蓬松株型的植物营造出草地的氛围

婆婆纳'蓝箭'

花菱草

月季'克吕尼修道院'　月季'法国信息'　月季'帕特·奥斯汀'

利用月季的高低差异描绘出波浪

山梗菜　矮牵牛　球吉莉

利用月季的形态绘出流动的线条

月季'克吕尼修道院'与月季'法国信息'相邻栽植，在稍远处再种下月季'帕特·奥斯汀'，形成完整的架构。利用株高的不同，实现此处景观的流畅走线。杂草上选择茂密丛生的品种来搭配，达到一体感。黄色系的月季与其他蓝色小花形成极具观赏感的对比。中央区域种植深色的矮牵牛，将整体景观的视觉效果进行收紧。

选择适合草丛高度的月季

控制月季高度，集中栽植，营造出宛如捧花的整体效果

将月季和丛生小花搭配栽植。月季'威廉·莎士比亚2000'和'皇家日落'紧凑地组合在一起，拉近与低处草丛的距离。特别是有着大量似花般花萼的常绿大戟'银天鹅'，与低处的草丛和月季的一体感更为强烈。泛白的叶片增强了明亮度，与红棕色的老鹳草'午夜骑士'形成鲜明对比，令人赏心悦目。

挑选能填满空间的丛生小花

月季'皇家日落'　老鹳草'午夜骑士'　月季'威廉·莎士比亚2000'　常绿大戟'银天鹅'　五色菊

Q 请告诉我，加地先生

与低处草丛搭配可以选择什么样的月季品种呢？

"选择个性没有那么强的中等花型或小花型品种，会更容易配搭在一起。比如'莫蒂默·萨克勒'和'科妮莉娅'，藤本月季的话推荐像'夏雪'之类的品种。"

02

以花色或株型为核心
张弛有度地进行搭配

将多年生草本植物和一、二年生草本植物进行搭配也是加地先生在用心保持植物自然形态的同时，实现景观的张弛有度的一大技巧。不单是花的颜色、形状，就连株高、开花方式、株型的饱满程度都精挑细选，力求将植物布置在最适宜的位置。

" 以白色为基调的花境要把握好
各种色彩间的平衡 "

遍地盛开着如蕾丝般的蕾丝花，加上麦仙翁与彩苞鼠尾草，一起组成一个白色、淡粉色、深紫色交织的花境。将株型较高的麦仙翁集中种在中心位置，与蕾丝花形成连绵起伏的曲线，而作为重点的彩苞鼠尾草像是在精心设计后才种下。以这三种植物为核心，将不同花色、株高、盛开方式的植物搭配在一起，创造出丰富的姿态。

麦仙翁

树木下方醒目的范围内选择株型较高的花来搭配

用深色调的穗状花加深色彩层次

彩苞鼠尾草

蕾

洋地黄

丛生小花的花穗维持着蓬松感

红缬草

仙女扇

仙女扇'路易斯·埃尔伊斯'

茂密的草丛带来安定感

" 植株间要有层次，
在紧凑处营造出纵深感 "

从花坛深处开始，按植株的高度，依次种下了洋地黄、红缬草、仙女扇'路易斯·埃尔伊斯'，营造出纵深感。向后延伸面积成倍扩大，因此适量重叠栽植即可。选择粉色、红色、紫色等同色系的花，达成一体感。要尽量选择花姿不同的植物也是要点之一。红缬草密集丛生的小花仿佛将全体植株连接了起来。而挺拔的洋地黄则更进一步地拉伸了纵向的线条，与最前端部分茂密的草丛形成呼应，达成了景观整体的平衡。

桂竹香　金鱼草　洋地黄

用穗状的花卉拉出纵向线条

青铜色的叶片使土壤和植株衔接为一体

硫化酢浆草　三色堇　屈曲花　齐顶菊

> **用黄色和紫色来搭配周围的花草，尽显高雅**

这是使用了黄色和紫色这对互补色的花境。为了中和鲜艳颜色间的对比，选择了柔和的白色品种的洋地黄。白色花穗的纤细线条给植栽带来了动感。边缘处紧凑地种上屈曲花和有古铜色叶片的硫化酢浆草等株型矮小的植物。硫化酢浆草给花境增添成熟风情的同时，又将植物和土壤自然地衔接为一体。

用与布景相融的具有华丽株型的植物维持纤柔感

风铃草'凉姬'

金盏花

蒲公英

香雪球

> **风中花草摇曳，一派自然风光**

以纤细的白色和淡紫色花朵为中心，枝条纤细、花朵娇小的风铃草'凉姬'与蒲公英随风摇曳，营造出优雅的氛围。少量添加金盏花与路边青等黄色系和橙色系的花朵，增添温暖的感觉。修整花境中间区域的草丛，营造出蓬松感。最前端种植的香雪球弱化边缘，令整体花境呈现出一种自然野趣。

请告诉我，加地先生

Q

如何只用丛生小花种出值得一看的景观

"只有小花会没有重点，可在确定主题色后，添加重点色的花朵。推荐显色佳的加州虞美人或纤长笔直的洋地黄等植物。"

小路旁的植物也收放自如

小路两旁非常适合栽植不妨碍步行的丛生小花，无须特别费力就能养护出茂盛的花丛，将花境和道路自然衔接。可添加直立纤长的紫花柳穿鱼作为点睛之笔。

03

灵活利用不同深浅色的
叶片与花朵的特性

后花园的主角当然是观叶植物。在加地先生的园艺技巧中，相邻的植物不会存在冲突，而是互相烘托的。花朵之间也是自然的映照，宛如截取了山野中原本的景色。这是在熟知观叶植物的特性后才能拥有的造诣。

刺头
复叶耳蕨

路边的观叶植物
也选择彩叶品种来搭配

玉簪'弗朗
西斯·威廉
姆斯'

"
呈现不同深浅的绿色魅力的
后院小路
"

将玉簪和蕨类植物种在小路两旁。玉簪'弗朗西斯·威廉姆斯'的亮色叶片奠定了区域的主色调，同样为黄绿色的刺头复叶耳蕨和其他玉簪穿插着栽在各处，不仅具有一体感，所形成的错落有致的阴影也十分赏心悦目。所以仅靠观叶植物也是能营造出丰富风情的。

选择仿佛与丛生小花攀
附在一起的向上生的
观叶植物

纤细的叶片与花朵
营造出整体感

"
让存在感强的观叶植
物作为主角，叶与花
争相竞艳
"

图中为玉簪'寒河江'和荚果蕨充满活力地舒展开叶片的景象。具有宽大叶片的'寒河江'与有着羽裂叶片的荚果蕨株型完全不同，用石斑木、福禄考这类纤柔、花色浅淡的品种与之搭配。无论哪个都可以从叶缝间钻出，丛生出花朵，形成自然的风景。花朵将主角让给了叶片，自己从巨大的叶下或是从叶片的间隙露出身姿，与叶片融为一体，极具观赏价值。

玉簪'寒河江'　福禄考　　　石斑木　　　　荚果蕨

请告诉我，加地先生
Q
将观叶植物作为中心时营造出变化的诀窍是什么？

"种植要点是着重考虑叶片的深浅、斑纹的分布与形状，但彩叶使用过度会令人厌烦，因此只需在个别处点睛即可。推荐与蕨类植物相搭配，营造出野生风情。"

营造出美景的植物列表

下面将介绍加地先生常栽的植物。
请参考加地先生的植栽创意，想象一下明年春天的庭院会是怎样的绚丽吧！

加地先生
钟爱的！

异叶轮草

茜草科 / 一年生草本

花期5—7月。细小的蓝紫色花瓣呈放射状绽放，非常独特。叶片也十分可爱。株高约30cm。

麦仙翁

石竹科 / 一年生草本

花期5—7月。中心为白色的粉色花朵，也有全白品种。茎与叶上有茸毛，看起来像铺了一层银粉。株高60~90cm。

倒提壶

紫草科 / 多年生草本

花期5—6月。细长花茎绽放出大量鲜艳的蓝色小花，特别适合混栽。株高约40cm。

欧亚香花芥

十字花科 / 二年生草本

花期5—6月。花色是明亮的紫色，花香馥郁。别名"甜蜜火箭"。株高约60cm。

老鹳草

牻牛儿苗科 / 多年生草本

花期6—8月。特点是深裂的古铜色叶片。花朵是漂亮的蓝紫色。株高8~20cm。

距药草

忍冬科 / 多年生草本

花期5—6月。绽放具有深邃感的粉色小花。顶端易分枝，易形成蓬松感。株高60~100cm。

钓钟柳'紫尘'

车前科 / 多年生草本

花期5—6月。具有透明感的紫色袋形花朵呈穗状排列。生性强健，但需避开高温多湿。株高30~50cm。

彩苞鼠尾草

唇形科 / 一年生草本

花期5—7月。顶端似花一般的其实是苞片，有紫色、粉色、白色等颜色。下端盛开娇小穗状花朵。株高30~60cm。

桂竹香

十字花科 / 多年生草本

花期5—6月。圆形花瓣的花朵围绕在顶端绽放。细长的叶片根据品种差异颜色会有不同，如有银色的或带有斑纹的。株高20~80cm。

蝇子草

石竹科 / 一年生草本

花期5—6月。酒红色的花朵直径不足1cm，花量大，种子落地生根，繁衍能力强。株高约30cm。

金鱼草

车前科 / 一年生草本

花期4—6月。如小金鱼般的花朵呈穗状排列盛开，因此栽植效果十分华丽。株高20~120cm。

仙女扇

柳叶菜科 / 一年生草本

花期5—6月。红紫色呈褶皱状的花瓣与白色的雌蕊形成对比。株高40~50cm。

西洋石竹

石竹科 / 多年生草本

花期4—5月。在大门旁随意散播种植会很可爱，也很适合栽植在假山庭院。株高约20cm。

长柱草

茜草科 / 多年生草本

花期5—6月。粉色的小花呈半球状紧密聚集。叶片纤细柔软也是其一大特色，植株横向生长。株高约20cm。

钓钟柳'蓝色天际'

车前科 / 多年生草本

花期5—7月。钓钟柳中偏小型的品种也盛开20cm左右的花穗。虽纤细但强健。株高50~70cm。

福禄考

花荵科 / 一年生草本

花期6月。绽放浅粉色花朵。植株横向生长，很适宜作为地被植物。株高约30cm。

少一点甜美，多一点酷
中性风的清爽混栽

在微妙的色彩变化中，与其搭配鲜艳的花朵，不如来一个绿色的清爽混搭。
简单的器皿，是清爽混栽的第一要素。

混栽建议：garage 丹羽薰

像在自然状态下生长一样，
闲适宁静

蓬松的花草种在古旧的喷壶中，散发出田园的气息。翠绿的叶片和蓝色的小花清秀可爱，与生锈的铁皮自然地搭配在一起。建议将组盆放在素色的背景下，可以更好地衬托出花草纤细的姿态。

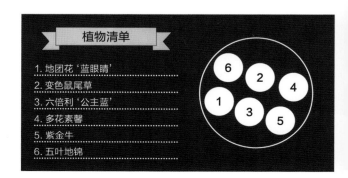

植物清单

1. 地团花 '蓝眼睛'
2. 变色鼠尾草
3. 六倍利 '公主蓝'
4. 多花素馨
5. 紫金牛
6. 五叶地锦

户外的组盆种植

用盆栽装饰室外空间，令其与周围环境融为一体。在习习凉风中，选择线条纤细的植物，更能增添场景的风情。

自然和都市的结合

多种巧克力色的花草围绕着主角波斯菊，形成鲜明的对比。细长的植物种在巨大的鹅蛋状花器中，给人一种稳重感，也很百搭。

植物清单

1. 波斯菊
2. 三星果藤
3. 大戟'黑鸟'
4. 珍珠粟'紫色庄园'
5. 草珊瑚'黑暗浓情巧克力'
6. 忍冬'红薯条'
7. 珍珠菜'波斯巧克力'

观叶植物的组盆种植

个性十足的绿植大多产于热带地区。混栽时要注意搭配的细节，不要过分突出热带感。放置的场所最好是稍凉爽的室内。

像工艺品一样，
绿油油的

在旧铝盒中种下叶片光滑且叶形独特的植物，再搭配上白色的马达加斯加茉莉，更加清新靓丽。由于选择的植物颜色较为单一，所以充分利用绿植奔放灵动的姿态将起到决定性作用。

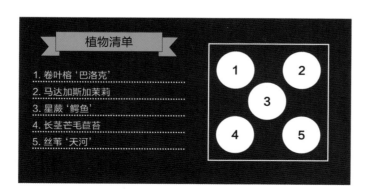

植物清单

1. 卷叶榕'巴洛克'
2. 马达加斯加茉莉
3. 星蕨'鳄鱼'
4. 长茎芒毛苣苔
5. 丝苇'天河'

深色的叶片
和清晰的线条
勾勒出了
空间的轮廓

各种叶片的混搭组合，妙趣横生。充满自然的质感的方形木制容器突出了每种植物的独特外形，看起来既时尚又简洁。

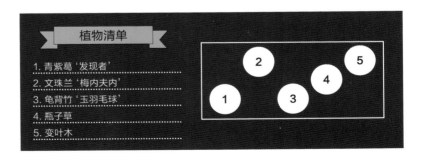

植物清单

1. 青紫葛'发现者'

2. 文珠兰'梅内夫内'

3. 龟背竹'玉羽毛球'

4. 瓶子草

5. 变叶木

像放在桌上的一道菜，
秀色可餐

铝盘搭配低矮的多肉植物，趣味盎然。选择带白边的明亮的叶子，看上去更加清新干净。盘子的边缘还写了字，趣味十足，有一种派对的氛围。

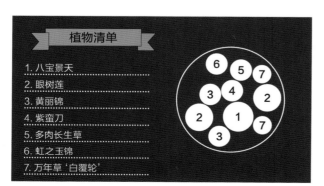

植物清单

1. 八宝景天
2. 眼树莲
3. 黄丽锦
4. 紫蛮刀
5. 多肉长生草
6. 虹之玉锦
7. 万年草'白覆轮'

多肉植物的组盆种植

多肉植物拥有独特的质感、形状和颜色。不同的搭配带来不同的乐趣，既可以很可爱，也可以很酷炫。

发挥多肉植物的个性，
做成一个迷你花园

在厚重的混凝土包围的空间里，种着姿态各异的多肉植物，像一棵棵小树的独特造型平衡地分布其中。为了压住高一点的多肉植物，植物根部放置了小石块。不禁让人联想到假山花园。

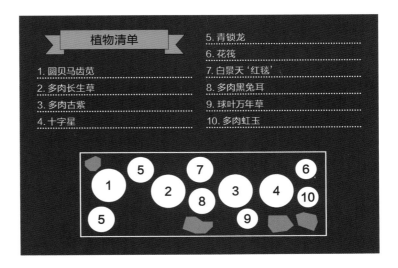

植物清单

1. 圆贝马齿苋
2. 多肉长生草
3. 多肉古紫
4. 十字星
5. 青锁龙
6. 花筏
7. 白景天'红毯'
8. 多肉黑兔耳
9. 球叶万年草
10. 多肉虹玉

丹羽薫女士推荐的

15 种用于混栽的
多肉植物

想试一试可爱的多肉植物混栽吗？
丹羽女士精选了适合初学者的品种，
下面我们按照植物的形态依次进行介绍。

红彩阁
大戟科。具有独特的状似仙人掌的外形。寒冷环境下，刺变得通红，个性突出。

Focal Point
容易成为焦点的品种

具有分量感和个性化的外形的多肉植物容易成为设计的焦点。

古紫古莲花
景天科。具有深色的叶子，从中心开始由绿色渐变成黑色，很特别。

帕瓦
景天科。从上方看，叶子就像玫瑰花瓣一样整齐排列。叶尖呈红色，在寒冷环境下颜色会变深。

紫晃星
番杏科。具块根性，是根部可以长得很肥大的强健品种。3—6月可开出鲜艳的深粉色花。

Height 长得高的品种

长得高，可以与其他植物搭配出灵动跳跃的效果。

金钱木
马齿苋科。夏威夷本土品种。叶片像迷你玫瑰。夏天，叶片的顶端会开出黄色的花。

异色大戟
大戟科。棱柱状茎叶，节点突出的地方可开出黄色小花。耐寒性强，形态个体差异较大。

圆贝草
景天科。具有美丽的覆轮叶，叶片上的白斑可变成深粉色。开深橙色的花。

铁锡杖
菊科。茎干像在跳舞一样扭动，姿态独特。纹路很美，地下茎长得好。

Cover 可覆盖花盆边缘的蓬松品种

巧用蓬松和下垂的枝条遮住盆缘，营造柔软的感觉。

丹羽薫女士

"garage" 的经理，负责植物的混栽搭配、绿植的采购等。清爽的设计风格颇受好评。

眼线莲祖母绿
夹竹桃科。一般长在岩石和树木上。亮色的茎叶蜿蜒生长，是多肉植物中的柔软品种。

吊金钱
夹竹桃科。心形的叶片。新芽微带粉色。夏天会开出独特的棒状花。

白景天 '红毯'
景天科。纤细的姿态充分舒展。耐寒植物，在寒冷的冬季会变红。

Filler 可以起到连接作用的品种

大型多肉植物之间的桥梁，起到填补空间的作用。

星之王子
景天科。有着像艺术品一样漂亮的形状。在寒冷环境中，叶尖会变成红色，可以感受到季节的变化。

蓝云杉
景天科。具有无法形容的美丽银叶，红色的新芽像花一样可爱。

虹之玉
景天科。光滑的叶子在寒冷环境中会变红。叶子碰到后容易脱落，脱落的叶子重新栽种可以长出新株。

秋丽
景天科。带棕色的叶色种温柔的感觉。叶子很株种在一起会很好看。

专栏 ▷ 需要备齐的 8 种材料和工具

为了让美丽的混栽植物更加持久，需要用到以下材料和工具。

1. 多肉植物（选择有节的光滑的植株）
2. 培养土（最好使用专用培养土）
3. 花盆（根据需要仔细挑选）
4. 陶粒土（在盆底铺上一层，有助排水）
5. 石头（当植株摇摇欲坠时用于压根，也可增加趣味性）
6. 硅酸盐白土（在土壤中掺入少量，可有效防止根腐病）
7. 棍子（用棍子在根间轻轻地戳一戳，可去除土壤的空隙）
8. 镊子（种植小株或带刺的幼苗时使用）

合作摄影：索伊尔花园 (G)，英国松江花园 (M)，荻原植物园 (O)。上图／蓼科高原的英式月季花园

春季花园不可或缺的灌木

现在正是种植空木植物的季节

春季开花的空木植物都属于同科同类吗？其实不是的，下面我们将对空木植物做一些简单的介绍并进行品种的推荐。

属于绣球花科和忍冬科的空木植物

秀丽、质朴、晶莹剔透的花很迷人

空木植物质朴可爱的花将花园装点得更加清新自然。春季到初夏，白色和粉色的小花陆续盛开。从名字上看，人们往往认为它们属于同一科，但实际上，它们大部分属于绣球花科和忍冬科，也有少部分属于其他科。

溲疏本来是指绣球花科的 *Deutzia scabra*，因为枝干是空心的，所以又称"空木"。空心的枝干本身不会长得很粗，故不会消耗太多的能量，多余的能量被输送给更多枝干，所以只需较少的能量就能长得枝繁叶茂。

空木植物喜欢有阳光或半阴凉的地方，喜欢排水良好的肥沃土壤，不喜欢过于干燥的地方，几乎都是落叶植物。塑料容器培育苗除了仲夏和严冬，什么季节都可以栽种，现在就是最好的栽种季节。基肥可以使用有机肥或者缓释肥。可种植在花坛后部、树和树的间隙等地，用来填补空间。因为树枝生长迅速，如果种在狭窄的地方，要经常修剪以控制树形。开花后，夏季长出的新枝会萌发第二年开花的花芽，所以花后应尽快进行修剪。冬季，只需剪掉多余的树枝和枯枝即可，不过，属于绣球花科的圆锥绣球在开花后到第二年初春这段时期都可以进行修剪。可以观赏开花后花穗的变化。

空木植物因品种不同而姿态各异。下面，我们将为大家介绍几种美丽又极富个性的品种。

还有这些科

蔷薇科和玄参科

蔷薇科

小米空木
Stephanandra incisa
树高：1~1.5m

细枝末端的总状花序上长出许多米粒状小花，与溲疏的花相似。秋季结出的球形果实在成熟后会裂开。

玄参科

大叶醉鱼草
Buddleja davidii
树高：1~5m

6—9月，树枝的末端会长满粉红色和紫红色的穗状小花，香气扑鼻，蝴蝶和鸟类纷至沓来。

精心挑选的绣球花科和忍冬科

可爱动人的空木植物目录

空木植物大部分属于绣球花科或忍冬科。我们精选了一些魅力品种，找找看有没有你喜欢的吧！

绣球花科

这个科的溲疏属植物，除了重瓣品种，花瓣都是4片或5片，在阳光下晶莹剔透。

齿叶溲疏

Deutzia crenata

树高：1.5~3m

花期为5—6月。枝干从地面不断长出，野趣盎然。枝头会开出很多直径约1cm的白花。(M)

杂交空木'罗瑟琳'

Deutzia × *hybrida* 'Rosealind'

树高：约1m

花期为5—6月。树形紧凑，会开出很多星形的粉色小花。耐修剪，不护理也能开得很好。

细梗溲疏

Deutzia gracilis

树高：30~70cm

花期为4月中旬至5月。日本特有的品种，自古以来就受到人们的喜爱。奔放的枝头绽放纯白的小花。

重瓣溲疏

Deutzia crenata f. *plena*

树高：约2m

花期为5月。重瓣花外侧有淡淡的紫红色。花瓣细长，给人一种清凉舒爽的感觉。

日本山梅花
Philadelphus satsumi

树高：2~3m

花期为5—6月。原产于日本本州、四国、九州。像梅花一样洁白的花朵，散发着淡淡的甜香。

美女星山梅花
Philadelphus 'Belle Etoile'

树高：约3m

花期为5月。山茱萸的一个品种。单瓣大花，开花性好，散发出浓郁的甜香。

欧洲山梅花'纯真'
Philadelphus 'Virginal'

树高：1.5~2m

花期为5—6月。山茱萸的园艺品种，重瓣大花。高颜值，纯白色，散发着淡淡的甜香。

大花圆锥绣球
Hydrangea paniculata f. *grandiflora*

树高：2~3m

花期为6—7月。圆锥绣球的园艺品种，又称"金字塔绣球花"。花开时，树枝会因为重量而下垂，非常好看。

圆锥绣球'石灰灯'
Hydrangea paniculata 'Limelight'

树高：2~3m

花期为6—7月。花色呈奶油色，慢慢变成酸橙色。树形比其他圆锥绣球更直立，花色也更清爽。

忍冬科

与绣球花科不同，忍冬科植物的花呈喇叭状，花形独特，从花冠中伸出的白色雄蕊很引人注目。

海仙花

Weigela coraeensis

树高：约2m

花期为5—6月。开花后，花色会有"白色—粉红色—红色"的变化，所以看起来像同时拥有两种颜色的花。

锦带花

Weigela hortensis

树高：2~3m

花期为5—6月。原产于日本的沼泽和山谷，枝干中空。可开满淡桃色或红色的花，野趣十足。

猬实

Kolkwitzia amabilis

树高：约2m

花期为5—6月。果实上有白毛，像钟馗的胡子，在日本被叫作"钟馗溲疏"。柔软的树枝上可开出无数淡粉色的小花。

斑叶锦带花
Weigela florida 'Variegata'

树高：约3m

花期为5月。新叶中可看到美丽的嫩绿色花斑。花的颜色会从深粉色变成白色，所以它们看起来像双色花。

莫奈锦带
Weigela florida 'Monet'

树高：约1m

花期为5月。具有白斑上透着粉色的彩色叶片。花色也是粉红色，整体色彩柔和。植株低矮而紧凑。(O)

矮生铜叶锦带花'红酒玫瑰'
Weigela florida 'Wine Roses'

树高：约1.5m

花期为5月。高雅的铜色叶片和簇状的深粉色花的组合，看上去非常美丽。树形紧凑，便于打理。(O)

金叶锦带花
Weigela florida 'Rubidor'

树高：约2m

花期为5月。红花和金叶的对比凸显个性，蓬松下垂的树枝很壮观。(G)

大花六道木
Abelia × grandiflora

树高：约2m

常绿灌木。花期为5—10月。开很多白色、淡黄色或粉红色的花。强壮易培育，最近流行花叶品种。

苔屋

具体信息

地址 日本栃木县那须郡那须町高久丙
1148 −559

开园时间 10:00 ~ 16:00

休息日 星期二至星期四（随季节变化）

像林中的秘密基地。鸟叫虫鸣，给人一种回归童心的兴奋感。

前往树木交织的乐园！

激动人心的花园之旅

参观日本栃木县那须町的花园

── 花园旅人 ──

Garden & Garden
编辑部
井上园子

Garden & Garden
花园顾问
一级造园管理技师

作为拥有温泉的避暑胜地，
那须高原自古以来就享有很高的人气。
这次我们拜访的是这里的 3 个花园，
每一个花园都极富个性，与自然完美地融合在一起，
用各自的美吸引着各地的游客。

把木板架在折梯上，做成一个特别的花台。上面放着圆扇八宝、卫矛、连翘等小盆景和苔藓球，看上去韵味十足。

把茶具当花盆是荒井先生的作风。古旧的茶壶里种着大叶钓樟，和绿油油的苔藓背景很搭。

滚落在地上的树桩成为空间的装饰。树桩上长满了青苔，形成一片绿意盎然的野外景观。秋季的红叶也很美。

"在林间洒落的阳光下　闪闪发光的苔藓世界"

铁锅里长出红豆杉和大灰藓。大灰藓覆盖着这个锈迹斑斑的铁锅，让人感觉到时光的流逝。

能够亲近自然的园艺店
可随时体验园艺 DIY 的乐趣

"苔屋"是地处偏僻林区的小型盆栽店。密林中隐约可见的简朴小屋内，整齐地摆放着各种迷你盆栽，这些盆栽都取自大自然。

自然形成的花园中，苔藓和野草反射着树隙阳光，交织成一片亮丽的风景。沿着园中的自然小道往前走，会有很多小惊喜。秋季，花园里随处可见栗子、橡子和蘑菇，有时还会碰上野兔、松鼠和狐狸。令人怀念的山村风景温柔地包裹着人们的心灵。

在一片绿树的环抱中，有一个可以学习制作苔藓球和小盆栽的体验教室，很受欢迎，在营业时间内可以随时体验。呼吸着清新的空气，与植物亲密接触，这种时光真是难得。很多人远道而来，就为了寻求这份心灵的疗愈。

1 将玻璃罐设计成一个苔藓花园。 **2** 悬挂的花器种类多样，创意十足。 **3** 种在各种有趣的器皿中的迷你盆栽。绝妙的色彩搭配，令人百看不厌。

leaf house

具体信息

地址 日本栃木县那须郡那须町高久甲 5968－3

开园时间 10:00 ～ 17:00（冬季到16:00）

休息日 星期一、星期二，每隔一周的星期三

1 正面的黄色碎花是女郎花，长得很高，超过2米。**2** 紫花泽兰紫粉色的花竞相绽放，带来秋的消息。高雅的花色给花园带来了独特的风格。

"充满能量的花草乐园"

以夏季和秋季为焦点的野生花园

这是一个在柔和的阳光下闪耀着金色光芒的秋季花园。花园中以彩叶、禾草、灌木等野生植物为主，非常迷人。

在阳光下观赏花园的最佳季节是夏季和秋季，因为这两个季节的宿根草较多，无须过多养护就能长时间观赏到与春季不同的景色。秋季，松软的草穗子随风轻轻摆动，美得令人忘记呼吸。

植物旺盛的生命力也令人惊叹，宿根草长得比人还高。它们向着广阔的天空努力生长的顽强姿态，让人感受到大自然的巨大能量。男主人说："为了能够看到植物原本的样子，我们精心挑选了能在这个环境下茁壮成长的植物。"在这个以柔软的植物为主的花园里，可以感受到与植物共生的那份惬意。

狼尾草的花穗反射着夕阳的余晖。金光菊和千屈菜从夏季一直开到秋季。

种植的看点不仅仅是向阳的区域，绿树环绕的小屋花园也充满成熟的魅力。

3 花园小屋的屋顶与园路上的枕木相呼应，韵味十足。在茂密的植物间隐约可见的小屋，增加了人们对花园深处的向往。**4** 乔木绣球的大花球和大叶玉簪增添了景观的看点。**5** 小屋的一角，在小坑上架起一座木桥，营造出乡间的美感。

{专栏}

引人注目的雀舌兰

特别推荐一种生长在拉丁美洲山区的凤梨科植物。锐利的外表带来极强的观赏性。在"leaf house"中，还有许多很难找到的稀有品种。

看点 ❷

摆件的装饰

随处可见的古旧摆件和家具更增添花园的趣味性，比如在台面上摆放小物件等，给种植区增加亮点。

生锈的铁长椅也可用来装饰。长椅四周的斑叶络石长势茂盛，勾勒出长椅的轮廓。

6 在地面高处搭一个铁栏杆和一个平台，打造一个置物空间。**7** 把旧风车隐藏在植物中。锈铁的质感与田园风的花草融为一体，带来怀旧的气息。**8** 后院工作台上收纳起来的水壶和筛子也有装饰效果。

科皮斯花园

具体信息

地址 日本栃木县那须郡那须町高久甲
　　 4453-27

开园时间 9:00 ~ 18:00（随季节变化）

休息日 不定

"像在欧洲的森林里散步一般"

和月季、宿根草一起顽强生长的花园

　　"科皮斯"（coppice）在英语中是"杂树林"的意思。顾名思义，在这个被各种树木包围的园艺店里，月季和宿根草的品种非常丰富。这个园艺店以前是开在日本福岛县的。2011年东日本大地震突如其来，福岛县受灾，店里的全体员工一起熬过了那一段不见天日的艰难时期。9年前的春天，终于在这里东山再起。

　　园内设有兼具农场功能的月季园和池塘，可以一边吹着高原上的习习凉风一边悠闲地散步。月季园主要种植了法国吉洛公司生产的月季品种，还种植了月季'禅'、英国月季、经典月季等园艺店推荐的品种，与宿根草一起搭配。这里，被浓郁的香气和优雅的气氛包裹着。

　　虽说6月是月季的鼎盛期，但10月的秋月季也很迷人，花色更深，此时可以欣赏到花色绚烂、充满成熟气息的花园。

1 6月，花园里遍地开花、姹紫嫣红。秋季则是另一番景象，花坛变得安静。**2** 藤本月季'雷杜德奖'轻柔地垂下了细长的枝条。**3** 紫苑与月季'珍维叶芙·奥尔西'是秋季的最佳拍档。

像在欧洲一样

入口处

❹ 条纹花叶芒、箭羽芒、乔木绣球和玉簪描绘的动感场景与自然融为一体。❺ 迎面而来的是一块古朴的木质招牌，温馨的设计带着独有的高原特色。

"科皮斯花园"的园主佐佐木先生亲自设计了一个和那须地区的自然完美融合的花园。许多地方都很讲究，观赏性很强。

巧用石头

❻ 佐佐木先生研究了英国的石头墙砌筑方法，和工匠一起砌了这面石墙。❼ 建花园剩下的石头，用于花坛包边和铺路。暖色调的石头和花园的风格很搭。❽ 栃木县的大谷石因产量减少已越来越少见。佐佐木先生将大谷石砌成西式风格，前面种常春藤，后面种藤本月季，很有气氛。

池塘

❾ 人工池塘与月季园一样成为高人气景点。春季的菖蒲和夏秋的千屈菜增添了池塘的色彩。❿ 3只鸭子是商店的吉祥物，从前到后，分别是阿菊、阿金、阿牙妹。

秋季的月季别具一格

'艾格尼丝'
春季，开带褶边、偏紫的深粉色花。到了秋季，花瓣数量变少，花色也变成混合了棕色的高雅淡紫色。
花朵直径：8~10cm
树高和冠幅：H 1.2m× W 1m

'肖蒙花园节'
具有浓郁果香的花。春季的花花心为深橙色或杏色。花开不断直到秋季，花色会变深。
花朵直径：6~8cm
树高和冠幅：H 0.8m× W 0.6m

'蓝色梦想'
花色容易随气温的变化而变化，在寒冷地区或半阴地区呈现蓝色。秋季也会因为夜间温度下降而变蓝。
花朵直径：约 7cm
树高和冠幅：H 1.3m× W 0.8m

咖啡厅

散步的间隙，可以在咖啡厅轻松惬意地小憩一番。用当地有机食材制作的午餐和甜点评价很高。其中，最受欢迎的是略带酸味的柠檬蛋糕。

茂盛的花叶玉簪和粉花绣线菊的枝条探出小路，野趣盎然。

探访风格独特的花园

这是一个以后山为背景的大型花园。绿油油的草坪周围，有很多注重色彩和外形搭配的种植区域。

绵毛水苏和雏菊等柔软的草花交织其间，巧妙地缓和了观叶植物的原始野性。

花器和叶片为主的灵动的角落。茂盛的细叶蒲苇和金叶小檗等的组合非常有趣。

在美丽的草坪上建一个千变万化的花园

Garden with a style

日本茨城县 **吉田邦子**

吉田女士8年前从公寓搬到别墅，开始了梦寐以求的花园生活。她说："外国图书中树木、蔬菜、花草混栽的情景让我感到舒畅。"所以她也希望打造一个具有欧洲乡村风格、自然舒适的花园。

吉田家的花园占地面积450平方米。郁郁葱葱的草坪美不胜收，像来到真正的英式花园。吉田女士笑着说："当时没有太多规划，只好先铺草坪。"也多亏了这片草坪，花园的空间变得更加开阔，再加上后山的背景，连绵不断的绿色让人神清气爽。

草坪周围设置了多个风格不同的种植区。西边是以草类和漂亮的观叶植物为主的区域。北边搭建了可以让藤本月季和铁线莲等攀爬的大藤架。南边是用枕木镶边的边界花园。每个区域的植物搭配、颜色、形状各不相同，组合多变。为了让整体看上去更加协调，各处都种有白色的小型月季等可爱的植物，以营造柔和的氛围。花园构造物和材料采用深色调，以确保花园整体的统一感。整个花园的设计细致入微，处处营造令人心旷神怡的景象。

Garden with a style

注重颜色、形状的搭配，
每个角落都有不同的精彩

环绕着草坪设计了不
同风格的种植区域。
每月修剪草坪两三次，
以保持美丽的景观。

1 藤架下面并排种的月季'水晶仙女'
增加了几分可爱的色彩。**2** 高雅的花
架与深粉色的月季'山葵'相映成趣。
"旁边的紫色花是以前在网上订购时
送错的不明品种的铁线莲，与月季形
成美丽的对比，我很喜欢。"

和藤架一样，暗色调的凉亭也是请施工公司搭建的。铁线莲攀爬在凉亭的柱子上，与周围的景观相融合。

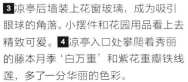

凉亭旁边用耐火砖砌成一个烧烤区兼取水处。这里还可放置盆栽和摆件等，用作展示区。

3 凉亭后墙装上花窗玻璃，成为吸引眼球的角落。小摆件和花园用品看上去精致可爱。**4** 凉亭入口处攀爬着秀丽的藤本月季'白万重'和紫花重瓣铁线莲，多了一分华丽的色彩。

用枕木围起来的弧开
花坛中放着一把有年
代感的长椅。花坛中
种着花叶锦带和雪山
绣球等植物，看上去
很清爽。

深色的花园构造物
让花草看上去
更加娇艳动人

花坛中茂盛的野蔷
薇和花坛边蓬松可
爱的德国洋甘菊等
田园风十足的植物
渲染了气氛。

应先生的要求，吉田女士在后花园的小屋养
了几只乌鸡。先生设计、夫妻二人共同打造
的鸡屋和围栏，颜色与藤架、凉亭一样，使
整个花园看起来协调统一。乌鸡下的蛋可用
来烤蛋糕等，成为每日餐桌上的美味佳肴。

Style

探访极具风格的庭院

本次我们探访了擅长掌控平衡感的坂田女士的庭院。虽然是夹在邻居家间的窄小用地，但被大量绿色包围的庭院却有着绿洲般的风情。

1（P97图）在餐厅的落地窗前设置了带有花架的露台，并牵引上月季'冰山'。被洒落下来的白色月季花朵包围着的饮茶时刻，是主人最爱的时光。**2** 庭院入口处，清丽的日本山梅花温柔地前来迎接访客。拱门前布置了优美的装饰，点亮了充满绿色的空间。

Garden with a style

静静地伫立在住宅区中，以柔和的花色为主调的平静的花园

日本兵库县 **坂田澄子**

　　突然现身在清静住宅区的一个花草茂盛的空间，是坂田女士花费时间构建的珍藏花园。

　　坂田女士开始修建庭院是在养育小孩告一段落后，大约是21年前。此前这里一直是和风的庭院，为了能欣赏到钟爱的西洋花卉，开始逐渐进行调整。在木匠的帮助下，逐步添设了蜿蜒的石砖小道、拱门、带有爬架的露台，最终完成了一个张弛有度的空间。刷成了蓝灰色的库房，是向常去的杂货铺订购的心爱之物。"我意识到只有植物的话会让空间显得呆板、无特色，而添加建筑物能给庭院增加丰富的层次感。"

　　柔和色调的花草使庭院空间更加灵动。花园中以坂田女士最喜爱的白色和蓝色为主色调，整体达到柔和的效果。随风摇曳的纤细花草的背后是很久以前就种着的垂梅、铁冬青等。丰富的植株完美地令人忘却此时正身处于邻居家间的狭小用地内。

　　每年初夏月季盛开的时候是花园开放日。很多来访者都会感叹："来到这个花园，内心就会变得温柔。"但谁也比不过每日在花园打理，日日享受着治愈心情的坂田女士。

Garden with a style

3 庭院深处设立的大型拱门下放置了桌椅组合作为视觉焦点，紫色的石楠花更加强调了重点。4 蓝灰色的库房是专门定制的。没有门的左侧作为陈列架，有门遮挡的右侧是收纳空间。5 露台上的藤架也涂成蓝灰色，下方铺了浅茶色的瓷砖，搭配着白色月季营造出优雅的空间。

配色张弛有度，
场景丰富

6 蜿蜒小道沿途设置了花境和装饰品，成为焦点。花境中种植了深红色的黄金钱草'博若莱'和柠檬黄色的树莓'阳光散布机'等深色系的植株。**7** 地栽选择了洋地黄、蕾丝花等柔和的浅色系植株。花坛深处暗藏一盆叶色古铜的金边剑麻，松弛有度。**8** 椅子随处摆放，各处都成了可悠闲地眺望庭院景色的一角。

人气园丁精选的
园艺工具

质量上乘的工具和优质的材料，是高效地进行园艺作业、做出优秀作品的必备条件。专业园丁们能熟练使用各种园艺工具，本篇将展示他们视为珍宝的好用工具，希望你们能从中找到心仪之物！

后院分成展示区和隐藏区，整洁美观

这是一楼的工具间。把常用工具挂在手工制作的木板上，方便取放，手套和剪刀放入工具抽屉，彩色包装袋的肥料放入简单的储物箱中，使整个工具间看上去整洁统一。

英国园艺研究者、花园产品设计师
吉谷桂子

吉谷桂子运用在英国从事七年园艺工作的经验，为人们的花园生活提供设计方案。她是众多杂志和交流会的讲师，著作很多，还负责"国际月季与园艺展览"等活动和餐厅等公共空间的设计工作。

01
吉谷桂子

秀丽、质朴、晶莹剔透的花很迷人

吉谷女士说："园林工作就是用花草描绘理想空间的工作，基本上和画画是一样的。"因此，选择兼具出色的功能性和设计性、与花园相配的工具非常重要。这些园艺工作中必不可少的工具有的是在英国购买的，无论放在花园还是阳台都能与植物融为一体。为了买到理想的工具，吉谷女士走遍了日本及其他很多国家的园艺店、五金店、工作服专卖店等，还自己设计围裙、手套和其他工具。围裙采用伸缩面料，增加了想要的功能，使用起来更加方便。

另外，她对清洁工具的选择也很讲究。"事实上，比起园艺工作，清洁工作反而更麻烦。收集自己喜欢的清洁刷，能给烦琐的工作增添一点乐趣。"设计感强、赏心悦目的工具有助于激发工作的动力。

迷你铲可以在混栽时用来松开表土，去除杂草的芽。

用叉子也可以！

要松开幼苗缠绕的根系，用迷你耙比较方便。

吉谷桂子的爱用物

仙人掌专用迷你工具是混栽的好帮手

16年前购买的这套仙人掌专用工具，在混栽中得到了充分的使用。它们可以用来松开根盆和表土等，可在不损坏幼苗的情况下进行细致的工作，非常方便。也可以用一次性筷子或者叉子来代替。

自己设计的围裙，更注重弹性

自己设计的围裙更注重行动是否方便，使用可伸缩面料，使蹲立的动作更加流畅。完全包住臀部，不用担心后面会露出，还有一个可随身携带工具的大口袋。

防虫还是这个管用

防虫套装有一个遮住脸的帽子，可以保护全身免受户外工作的主要敌人——蚊子的侵害。细网布确保透气性，还能防小虫，能让你舒适、专心地工作。

有修身效果，围上后精神也会变得集中！

这款围裙讲究修身效果，可拉伸，蹲着工作也很轻松。黑色耐脏，可长时间使用。带结实的皮革面料口袋和手套夹等，非常实用。

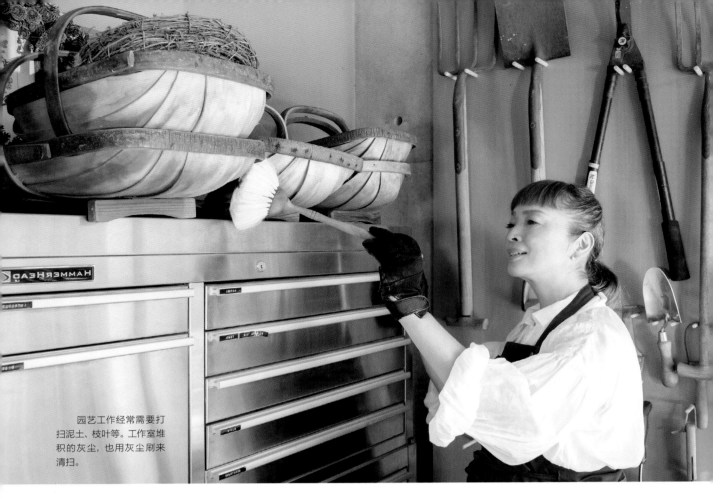

园艺工作经常需要打
扫泥土、枝叶等。工作室堆
积的灰尘，也用灰尘刷来
清扫。

用漂亮的刷子调动清洁的积极性

一些老牌公司的刷子，使用方便，美观大方。刷头很硬，清洗盆壶时可以很好地去除污垢。手柄较长的刷子可以代替扫帚用来清扫工作台和地板。

手套要选择不干扰花色的颜色

选择大小合适并且手指容易活动的手套，颜色以和植物相搭的黑色和绿色为主。鹿皮的月季专用手套是我的最爱，因为戴上后手指活动自如，可以做精细的工作，还可以机洗。

带排水孔的英国产浅桶

这种桶底部有排水孔，收割蔬菜后，可以直接将蔬菜放在桶里用水冲洗。倾斜的话可以储水，所以我把它当作清洁桶使用。易排水，使用方便。英国"Garland"公司制造。

剪去鞋子的后脚跟部分，更容易穿脱

在阳台干活时穿，甚至可以外出穿

在阳台上干活，有时会担心有泥土和水溅到鞋上，不需要穿长靴的时候可以穿上这种农夫鞋。柔软的橡胶鞋面，活动方便，鞋底也不易打滑。剪了鞋子的后脚跟部分后穿的频率更高了。

"空间创造工作室"
有福创

"空间创造工作室"的代表。种植技术广受好评，曾在多个园艺展中获奖。

修剪时必不可少的剪刀要选择品质高的

每天都要长时间使用的剪刀要用质量好的，如图中所示，锋利、适合修剪比小指细的树枝。剪刀太大用起来不方便，所以长度以手掌的长度为宜，建议女性使用180mm长的。

比铲子更容易挖土的三角锄头

种植的必备工具。顺着锄头的重力向下锄，可以挖出很深的洞。因为锄头顶端是尖的，所以坚硬的土块也能轻松掘出。

根据使用的频率来把握性价比

有福先生从事许多花园里的园艺工作，他使用的工具的选择标准是价格与使用的次数是否匹配。"使用频率高的剪刀等工具，一定要选择质量好的。"使用方便自不必说，归根结底，因为使用的时间长，所以算下来更划算。另一方面，手持畚箕、手套等消耗品，则需要寻找价格合理且功能性强的产品。"从性价比来看，多功能的工具比较有吸引力。"设计感强、赏心悦目的工具有助于激发工作的动力。

有福创的爱用物

用水管直接浇灌

种植后立即对植物根部浇水比给枝叶浇水更重要。建议在软管上安装一根钢管并将其插入土中，以确保水能够进入土壤内部直达根系。直径15mm 的钢管适合一般软管口径。

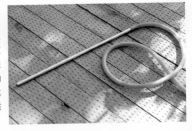

除了铲垃圾，畚箕还有很多用途

手持畚箕作为搬运工具也非常好用，因为轻便，可以轻松搬运土壤，还可用于蓄水、分株等。畚箕颜色大多比较鲜艳，我找到了一个比较适合植物的绿色畚箕。

专业防虫蚊香，烟量大

这种专业防虫蚊香是在花卉市场找到的，比家用蚊香效力更大，非常适合在宽敞的户外使用。夏季点燃后放进蚊香盒里，用专用的便携式防虫盒携带在身边。

任何地方的落叶都能在一瞬间清理干净

园艺用吹风机可以迅速清理植株间和花盆缝隙中的落叶，可以毫不费劲地打扫碎石地面等用笤帚难以打扫的地方，是提高工作效率的神器。

大口尼龙桶

在做修剪或清洁等维护工作时，有一个大口尼龙桶会比较方便。因为这种自立式桶开口大、容量大。有把手，可以用来搬运东西。可折叠，方便收纳，非常值得推荐。

可灵活搭设在植株之间的三脚梯

拿高处的物体时，我喜欢用这种小巧的、只有4千克重的三条腿的折叠梯子。搭在植株之间，不用担心会损坏植株。

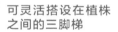

木匠用的钉袋，用来放麻绳正合适

经常用的工具都会系在腰间。用于牵引月季枝条和布线的麻绳，可以放在系在腰间的钉袋里。需要使用时，麻绳可以从钉袋的孔中立即抽出，非常方便。

"上野农场"
上野砂由纪

"上野农场"的主园艺师。利用北海道特有的自然风光建造花园，广受好评。

适合女性手掌大小的修枝剪

对于手小的女性，推荐这款修枝剪。轻巧的设计非常适合小手，而且锋利性持久。

耐穿不累脚的包头拖鞋

这款鞋颜色时尚、轻便舒适，不容易累脚，还可以保护双脚免受刀具等尖锐物品戳伤。可以水洗，非常适合园艺工作。

有"上野农场"商标的花园手套

草木养护不可或缺的花园手套，连指尖都那么合适，非常结实耐用。

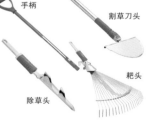

手柄

割草刀头

耙头

除草头

割草刀也很常用

可以快速割除长高的杂草，以保持草坪的轮廓清晰。可更换头部的附件，如换成耙和帚等。不需要携带很多工具，收纳也很方便。

五颜六色的麻绳

麻绳多用于蔬菜和藤蔓植物等的牵引。漂亮的颜色一应俱全，令人心情愉悦。

花园里一眼就能看到的红色修枝剪刀

我喜欢用红色的剪刀，因为即使在工作中不经意放到地上，也能马上找到。这种剪刀剪细小的东西非常方便，结实耐用也是它的一大长处。

"Flora黑田园艺"
黑田健太郎

"Flora黑田园艺"员工。擅长怀旧的场景打造，具有高级的混栽技术，广受好评。出版了许多关于花园设计和植物养护方面的书籍。

根部浇水神器

一个简单的瓶装水罐，容易握住。因为是挤压给水，所以浇水量也很容易调节。喷嘴细长，容易插入土中，常用于给小盆栽浇水。

可轻松牵引月季的好物

优秀的"S"形牵引钩，不需要系，只需要挂，操作简单，不会被月季刺伤到手。还可以把树枝勾在一起，防止枝条乱长。

花园设计师
马克·大卫·查普曼

出生于英国林肯郡，现居日本，从事公共景观及私人住宅的花园设计工作。经营了一家精品店兼展厅——"马克斯花园艺术商店"，广受好评。

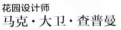

树篱剪

有3片刀片的独特设计，将中间的刀片放在想要修剪的位置，可以进行精确修剪。体积大但重量轻，并做了防锈处理。

护膝让你在跪地工作时更轻松

这种护膝是由防水材料制作而成的，里面的泡沫填充物在跪地工作时可以保护膝盖，是在混凝土和碎石地面上工作的护膝神器。带胶带的橡皮筋可以调节松紧度，方便穿戴。

解决靴子难脱的问题

脱靴器可以让你不用弯腰，即使手里拿着东西也能轻松穿脱靴子。虽然不是必要工具，但是有的话还是比较方便的。

超级锋利的园艺剪

这种园艺剪可以用来修剪多年生植物和修整草坪，进行草木造型。质量很轻，用一只手就可以轻松操作。

"GARDENS"
宫本里美

为顾客的花园的个性化要求进行精心设计的"GARDENS"公司的主管，该公司会定期举办园艺培训等活动，深受好评。

百看不厌的
高颜值浇花壶

使用方便自不必说，这款浇花壶让你浇花后都不想把它收起来，摆在外面也很好看。流线型的设计，连流水的弧度都可以计算出来。有了它，每天浇花将成为一种乐趣。

使用自如的万能桶

可以用来放肥料和铲子，携带方便。还可用于混合土壤、装剪下来的枝叶、储水、浇花等，用途广泛。

适合女性使用的
园艺铁锹

这款铁锹比标准尺寸稍微小一点，女性用起来也很方便。坚固耐用，适合挖掘等园艺基础工作，可以承受较高的使用频率。性价比高，值得推荐。

贴合手部的
天然橡胶花园手套

这款花园手套薄且贴合，适合细致的工作。防滑加工，具有出色的抓力，在平时的园艺工作中使用频率较高。

Garden & Garden
编辑兼花园顾问
井上园子

负责混栽设计。具备一级园林施工管理工程师资格。

方便在狭窄的地方使用的
不锈钢半月草剪

铝管手柄设计，轻便易用。因为刀尖呈圆弧状，所以铲土也很好用。无须弯腰就能除草，非常方便。

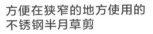

体积小易收纳的花园桶

轻巧便携的花园桶。由于底部会渗水，装在里面的杂草和湿叶的水分可以从底部渗出。底部不会腐烂，用来装倒垃圾也很方便。

力荐

园艺工具和时尚单品

我们精选了一些使用方便、功能强大的工具，它们能让你的园艺工作变得轻松。还有许多高品位的园艺时尚单品，可以让你充分享受花园生活。

方便的钻孔工具

钢制旋转钻孔器，可用于树木支架和围栏的安装作业。双螺旋叶片，方便钻孔。孔的大小为6cm，深度最大可达60cm。

可单手使用的电池电锯

装电池的手持式电动锯。可用于锯树枝和 DIY 制作等，用途广泛。A 型把手可以牢牢抓住树枝，女性使用也不会晃动，一只手就能简单操作。

适合铺园路的六边形铺路石

有品位的六边形铺路石，用于花园的通道和台阶，非常美观。只要拼在一起，就能呈现美丽的效果。

除草必不可少的强力耙

粗壮坚硬，有强力的爪子。即使顽固的杂草也可连根拔起。网状设计方便收集拔下的杂草。

可以坐着工作的可移动座椅

座椅可360°旋转，非常灵活。可根据除草、收割等作业调节座椅高度。

缝隙中的杂草除草刀

可去除从砖块间、石头缝和混凝土裂缝中长出的杂草。插入式设计，易于将杂草连根清除。

时尚的刻度提桶

素净、结实的桶。带容量刻度，可用来称量液体肥。带把手，方便使用。

可快速凝固的防草砂

防草砂可以在浇水30分钟后凝固，减少杂草的生长。因为质感自然，可用在入口和通道等显眼的地方。

让草坪保持美丽的草耙子

草耙子可以用来清除草坪上的杂草。

时尚、功能性强的水管卷轴

现代感强、如画般的水管卷轴配有7种水流模式的喷嘴，使用方便。软管经过特殊加工，耐用性出众。

可轻松移动的
带滑轮的花盆架

大花盆也能轻松移动，放在花盆架上易于打理。重新布置花园和打扫地板时不再费劲。

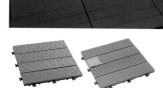

晚上会亮灯的地板

非常适合花园或阳台、露台的接缝面板。白天可以感受到木头的自然纹理，天黑后，嵌在里面的 Led 太阳能灯会自动亮起，营造浪漫气氛。

简易实用的大夹子

最适合用来夹肥料袋的大袋口。可以防止气味泄漏，防干防潮。有把手，携带方便。

娃娃屋形状的
简约迷你温室

适合室内育苗和种子发芽的小温室。除了种植植物，里面的装饰摆件也很可爱。

可爱的蚊香架

装饰性强的特色蚊香架。不仅可以防蚊，还可以用作植物标签。

种菜专用盆架

在阳台和花园里可以轻松种植花卉和蔬菜的种植盆架。因为比较高，可以站着工作，减小腰部的负担。形状为"V"字形，深度可达40cm。可根据种植的品种选择种植地点。

鲜艳迷人的可悬挂喷壶

可以悬挂在栏杆或栅栏上的喷壶。无须占用收纳空间，清爽简洁。

适合装饰墙面的
半个鸟笼

古风的木制鸟笼。里面9cm 的素烧小盆中如果种上自己喜欢的多肉植物和鲜花，会更加精致可爱。

尽情展示心爱的
摆件和植物

适合放吊篮、藤蔓植物和各类摆件的挂板。在天然木材上涂上富有年代感的油漆，和花园很百搭，可以让摆件和绿植看上去更加美观。

自动给水助您安心出行

加水就可直接插入花盆或盆架中的简单给水器。土干时，容器中的水就会自动流出为植物提供水分。是在炎热的夏天和外出时的好帮手。

可随身携带工具的收纳力超强的围裙

顶部和底部都有拉链，摘下的残花和蔬果放在里面可一次性取出。还有一个可以放工具的口袋，方便使用。

打理花园超实用的园艺围裙

可以把杂草和修剪下来的树枝放进前面的大口袋，用完后可以收起来。只要解开魔术贴或扣子就可轻松倒掉垃圾。收获蔬果也很实用。

保护脸部皮肤的防晒面罩

亲肤感极好的 UV 防晒面罩。使用吸汗速干的出色材质，即使在炎热的夏天使用也很舒适。柔软的橡胶撑住鼻梁和下颚，工作时也不易脱落。

最适合园艺作业的短靴

轻便、伸缩性好、适脚性好的靴子。黏着力强、高底，防滑、防水加工，在湿滑的地方也可以放心使用。因为是短款靴，所以穿脱方便。

护膝防脏腿套

带膝垫的腿套。可以减轻膝盖的负担，同时可以防止膝盖弄脏。使用透气性好的网眼材料，不会闷。

去花园的简单装备

保护裤子下摆和脚部的脚套可以避免衣物弄脏。裹在脚上，沙子等就不会进鞋子，像穿着一双简易长靴。魔术贴设计，穿脱方便。

保护皮肤免受烈日和昆虫侵害的帽子

用网状材料制成的透气防蚊帽。长长的网罩可以保护整张脸免受害虫的侵害，又宽又长的帽檐可以遮阳。

My Garden Story

我的花园故事

大家一起创建的投稿页面

畅所欲言，可以聊一聊您对花园生活的看法，晒一下自家的花园，谈一谈经验和烦恼等。

让绚丽的藤本月季和铁线莲攀爬在自建的花园小屋上

冬季无法进行园艺工作，于是，我们利用这个时间建造了一个花园小屋，用的是拆除农舍的废弃材料。四面用带玻璃的旧门围起来，其中一面装上飘窗和出入门，周围种满花草。每年春季，围着小屋种植的月季和铁线莲都会盛开，成为一道绚丽的风景。

（日本长野县 "露台花园"能势正巳）

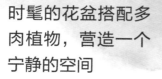

时髦的花盆搭配多肉植物，营造一个宁静的空间

大约11年前，借着建新房的机会，我们开始建造花园。我特别喜欢多肉植物，但之前种的多肉植物在梅雨季全部死了，所以要挑战一下混栽。为了看上去更有现代感，我选了水泥质地的花盆。在大花盆中穿插种植不同颜色和形状的多肉植物，创造出富有动感和立体感的效果。

（日本东京都 咬尾虫）

自己打造的花园构造物与花草融合的疗愈花园

我们搬进带花园的独栋房子已经11年了。我丈夫独自一人从一个空荡荡的花园开始，打造了地砖、大门、露台、小屋等，根据不同的背景种植了月季、铁筷子、橄榄树和宿根草等。花园是一个可以修养身心的舒适的空间。

（日本滋贺县 S.S.Garden）

移栽的植物和大自然的树木交相辉映的山林美景

18年前，我们从积雪达2米的日本山形县移居到这个四季都有花园美景的地方。为了把以前花园的大部分植物都移栽到现在的花园里，我们用卡车单程运送，花了9小时。为了看上去更加自然和谐，除了移栽的植物，还保留了原始环境的花草树木。
（日本千叶县　泷口和朗）

用散落的浅色月季营造出温馨的空间

这是一个以月季为主的园艺小院。大小不同的同色系藤本月季，或浓或淡的粉色月季混栽在一起，营造出温馨的空间。我特别喜欢两种不同大小的月季爬满外墙的感觉。看着看着，仿佛自己置身于森林之中。
（日本京都府　小松奈穗子）

读者投稿

因向往童话般的花园而开始造园

我家的花园过去是一片田地，花园的建造从种一株香草开始。我们不断建造，又不断推倒重来，一直不能成形，但我很享受这个过程。30多年的建园经历，每天都离梦想更近一步。
（日本栃木县　大姐）

你的花园是什么样的呢？
你与它又有过怎样的故事？欢迎将它们分享给我们。

投稿邮箱：
green_finger@126.com

- ✤ 最全面的园艺生活指导，花园生活的百变创意，打造属于你的个性花园
- ✤ 开启与自然的对话，在园艺里寻找自己的宁静天地
- ✤ 滋润心灵的森系阅读，营造清新雅致的自然生活

Garden&Garden 杂志国内唯一授权版

Garden&Garden 杂志是来自于日本东京的园艺杂志，其充满时尚感的图片和实用经典案例，受到园艺师、花友及热爱生活和自然的人们喜爱。《花园MOOK》在此基础上加入适合国内花友的最新园艺内容，是一套不可多得的园艺指导图书。

精确联接园艺读者

精准定位中国园艺爱好者群体——中高端爱好者与普通爱好者，为园艺爱好者介绍最新园艺资讯、园艺技术、专业知识。

倡导园艺生活方式

将园艺作为"生活方式"进行倡导，并与生活紧密结合，培养更多读者对园艺的兴趣，使其成为园艺爱好者。

创新园艺传播方式

将园艺图书/杂志时尚化、生活化、人文化；开拓更多时尚园艺载体，比如花园MOOK、花园记事本、花草台历等。

Vol.01

花园MOOK·金暖秋冬号

Vol.02

花园MOOK·粉彩早春号

Vol.03

花园MOOK·静好春光号

Vol.04

花园MOOK·绿意凉风号

Vol.05

花园MOOK·私房杂货号

Vol.06

花园MOOK·铁线莲号

Vol.07

花园MOOK·玫瑰月季号

Vol.08

花园MOOK·绣球号

Vol.09

花园MOOK·创意组盆号

Vol.10

花园MOOK·缤纷草花号

订购方法

- ●《花园MOOK》丛书订购电话
  TEL/ 027-87479468
- ● 线上购买渠道
  请认准湖北科学技术出版社官方天猫、京东、微店店铺。